U0359207

诞生、合作、分享

［韩］崔在天◎著　　［韩］朴尚贤◎绘　艾柯◎译

北京日报出版社

图书在版编目（CIP）数据

小蚂蚁本领大.诞生、合作、分享/（韩）崔在天著；
（韩）朴尚贤绘；艾柯译.—— 北京：北京日报出版社，
2022.1
ISBN 978-7-5477-4150-4

Ⅰ.①小… Ⅱ.①崔… ②朴… ③艾… Ⅲ.①蚁科 –
儿童读物 Ⅳ.① Q969.554.2-49

中国版本图书馆 CIP 数据核字 (2021) 第 246318 号

北京版权保护中心外国图书合同登记号：01-2021-6877

< 최재천 교수의 어린이 개미 이야기 : 개미에게 배우는 생명의 탄생 >
< 최재천 교수의 어린이 개미 이야기 : 개미에게 배우는 협동 >
< 최재천 교수의 어린이 개미 이야기 : 개미에게 배우는 나눔 >
Text and Illustration Copyright © 2016 by Choe Jaecheon
Text and Illustration Copyright © 2016 by Park Sanghyeon
All rights reserved.
The simplified Chinese translation is published by Beijing Baby Cube Children Brand
Management Co., Ltd in 2022, by arrangement with Rejem Publishing Co. through Rightol
Media in Chengdu.
本书中文简体版权经由锐拓传媒旗下小锐取得 (copyright@rightol.com)。

小蚂蚁本领大
诞生、合作、分享

出版发行：北京日报出版社
地　　址：北京市东城区东单三条8-16号东方广场东配楼四层
邮　　编：100005
电　　话：发行部：（010）65255876
　　　　　总编室：（010）65252135
责任编辑：许庆元
助理编辑：秦姣
印　　刷：河北彩和坊印刷有限公司
经　　销：各地新华书店
版　　次：2022 年 1 月第 1 版
　　　　　2022 年 1 月第 1 次印刷
开　　本：787 毫米 × 1092 毫米　1/12
总 印 张：40
总 字 数：100 千字
定　　价：278.00 元（全 5 册）

诞 生

蚂蚁是怎么出生的呢？
为什么有的蚂蚁会长出翅膀？
蚂蚁一生要经历哪些阶段？
阅读这个故事，走进蚂蚁的世界，
了解蚂蚁从出生到死亡的成长之旅吧！

春夏之际，微风徐徐，万物生长，
正是公主蚁和雄蚁陷入"热恋"的好时节！

在这个季节里，
公主蚁和雄蚁长出翅膀，
为以后的婚飞做准备。

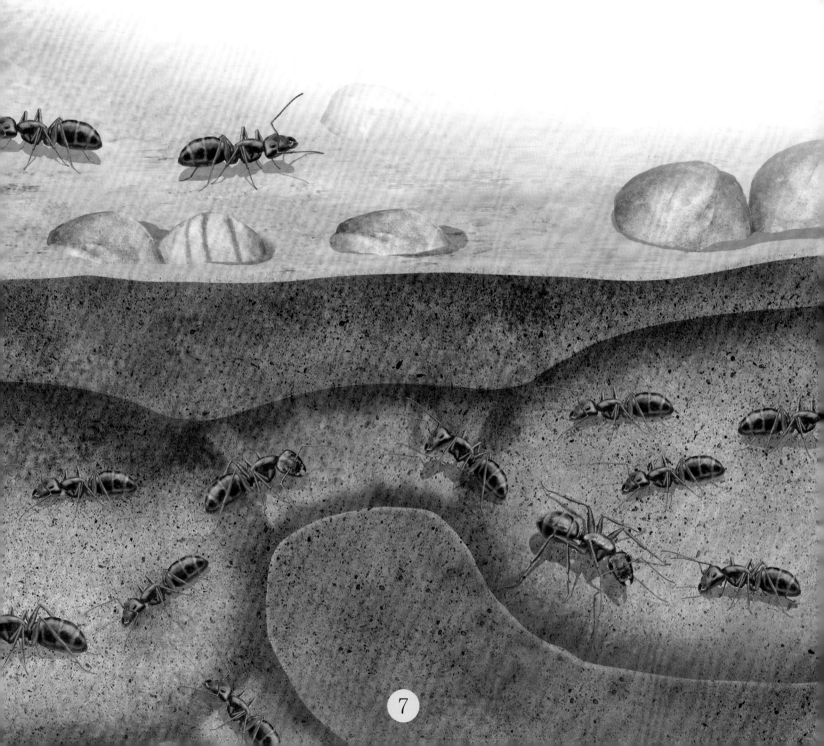

工蚁也在忙碌着，
它们竖起触角，
在蚁穴内外转来转去。

婚飞就要开始了！
巨大的公主蚁从蚁穴中爬了出来。

它们率先飞上天空，
雄蚁跟着飞了出来。

雄蚁和公主蚁在空中相遇，
落到附近的草丛里，
开始亲密地相互爱抚。

有些雄蚁飞得太慢，
或者找不到配对的公主蚁，
就会失去体验恋爱的机会。

14

而过度沉迷于恋爱中的蚂蚁，
很可能成为鸟儿的食物。

17

婚飞完成后，
雄蚁掉落到地上，
不久便凄惨地死去。

公主蚁有了受精卵，
背部的翅膀逐渐脱落。
它们找到合适的地方筑巢，
进一步成为新的蚁后。

蚁后挖出一个竖井放置受精卵，
并且一动不动地照顾它们，
直到它们孵化成新的小蚂蚁。

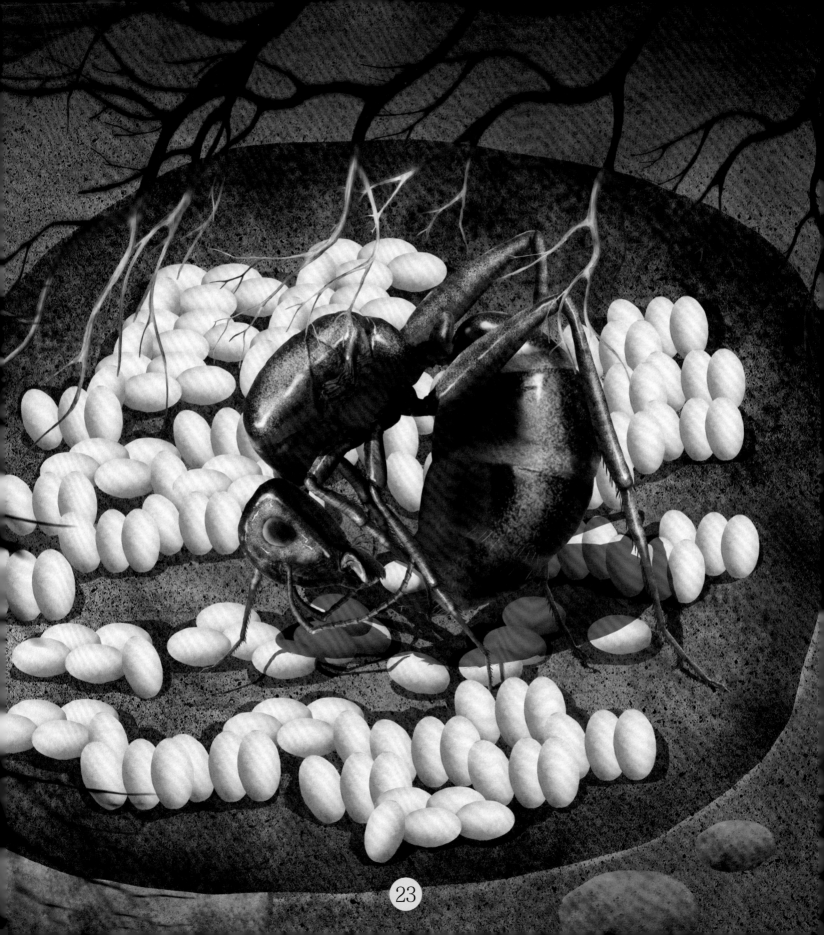

23

除此之外，
树干中、地穴里和腐烂植物的根部，
都有可能成为新蚁后安家筑巢的地方。

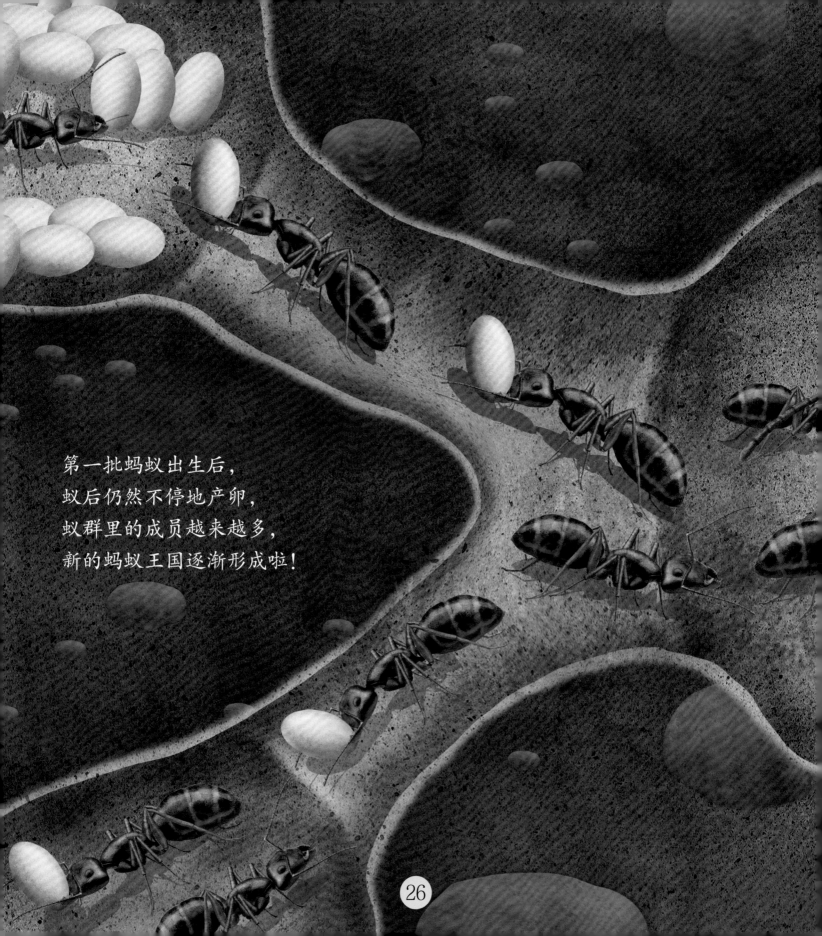

第一批蚂蚁出生后，
蚁后仍然不停地产卵，
蚁群里的成员越来越多，
新的蚂蚁王国逐渐形成啦！

蚂蚁的婚飞时间是固定的吗？

蚂蚁的婚飞时间是固定的，根据蚂蚁所处地区的不同而有所差异，大多数蚂蚁的婚飞时间都集中在 4—7 月。公主蚁婚飞之后就会成立新的蚂蚁王国，如果公主蚁错过婚飞时间，就失去了繁殖后代的机会，工蚁们为培育公主蚁所付出的努力也就白费啦。

蚁后如何建立新的蚂蚁王国？

蚁后完成婚飞后，选择合适的地点筑巢，这时没有工蚁的帮助，蚁后只能独自完成所有工作。切叶蚁的蚁后飞出蚁穴时，会在口中塞满果腹的食物，完成婚飞后，小蚂蚁一只又一只地出生。这时，工蚁离开蚁穴去采集叶子。很快，庞大的蚂蚁王国就会形成了！

哪些蚂蚁不举行婚飞呢？

行军蚁是不举行婚飞的蚂蚁。到了繁殖季节，行军蚁中的雄蚁离开蚁群，到别的行军蚁蚁群中寻找心仪的蚁后伴侣。在行军蚁中，雄蚁的体型大小和蚁后的体型大小差不多。交配结束后，雄蚁会折断翅膀。也许是为了避免近亲繁殖，行军蚁的雄蚁才会到远处的蚁群中寻求蚁后伴侣。

切叶蚁生活在亚马孙热带丛林中，它们擅长采集叶子，并用叶片培植真菌，因此又被称为蘑菇蚁。

行军蚁生活在亚马孙河流域，它们没有固定的巢穴。行军蚁组成庞大的军团，多数时间都在路上迁移，会捕食沿途的各种猎物。

通过阅读前面的故事，
你认识了哪些蚂蚁？

这些蚂蚁有什么特点？
它们有什么能力呢？

合 作

像农民伯伯擅长种植庄稼一样，
切叶蚁擅长培植真菌。
什么是真菌？
切叶蚁为什么要培植真菌？
阅读这个故事，走进蚂蚁的世界，
了解切叶蚁如何打造出真菌花园！

人类很早就开始种植农作物，
而切叶蚁更早就开始培植真菌，
早到可以追溯至6500万年前！

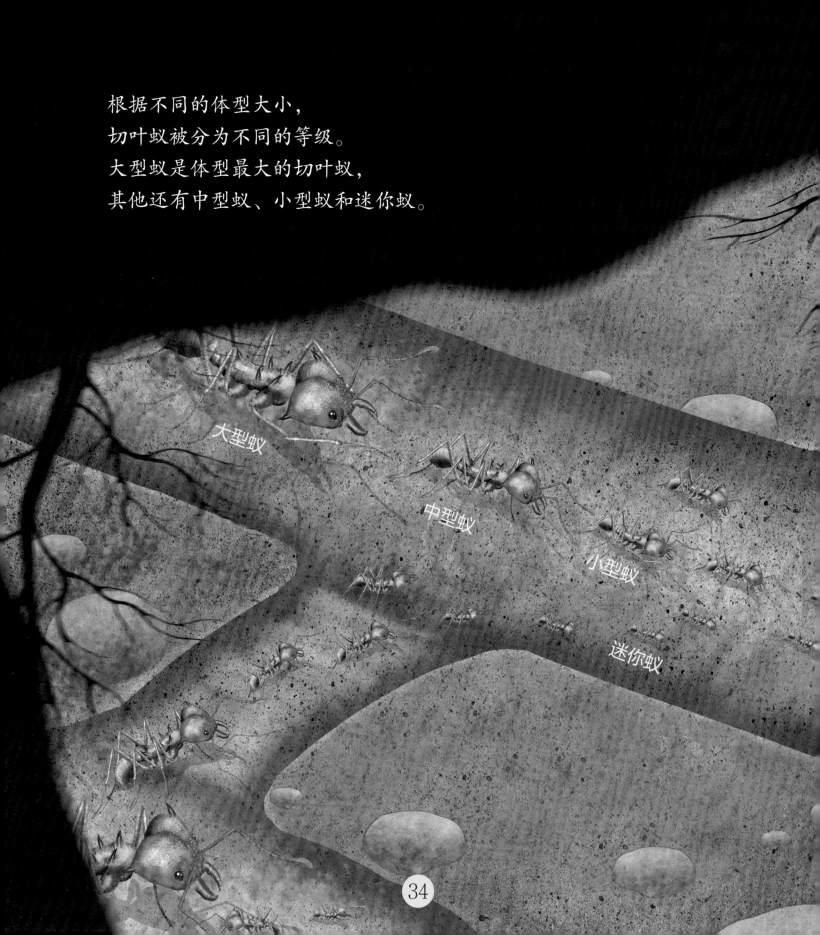

根据不同的体型大小，
切叶蚁被分为不同的等级。
大型蚁是体型最大的切叶蚁，
其他还有中型蚁、小型蚁和迷你蚁。

大型蚁

中型蚁

小型蚁

迷你蚁

切叶蚁一起外出觅食，收集叶子。
中型蚁用锋利的下颚切下叶片。

36

大型蚁负责在一旁守卫，
防止敌人打扰和攻击中型蚁。

随后,
中型蚁叼着切下的叶片,
排着队依次返回蚁穴里。

小型蚁接下中型蚁的叶片，
用小牙将它嚼得更细更碎，
并把它推进蚁穴的底部。

蚁穴底部堆满了叶子的碎片，
与周围的排泄物混合在一起，
变成黏糊糊的东西。

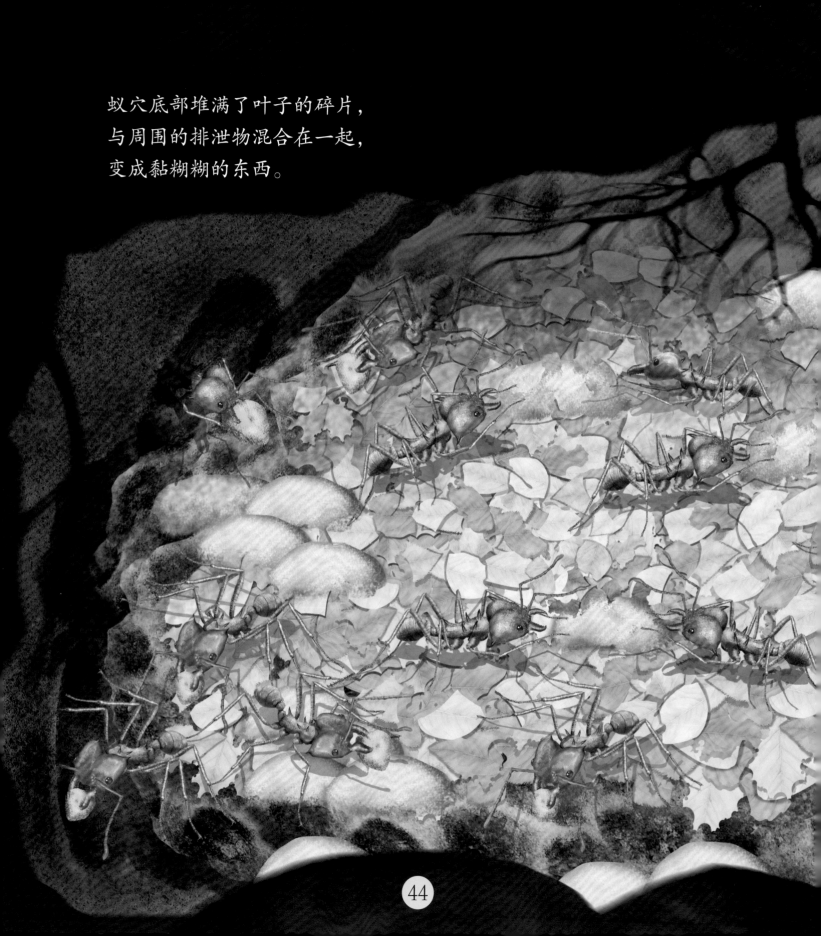

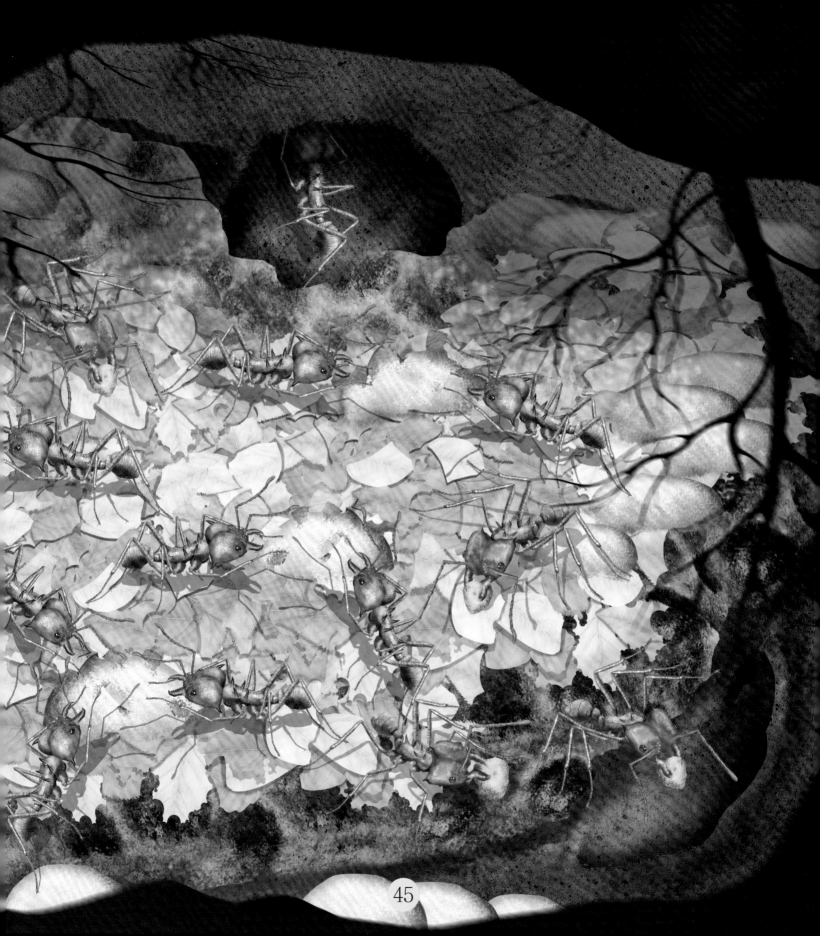

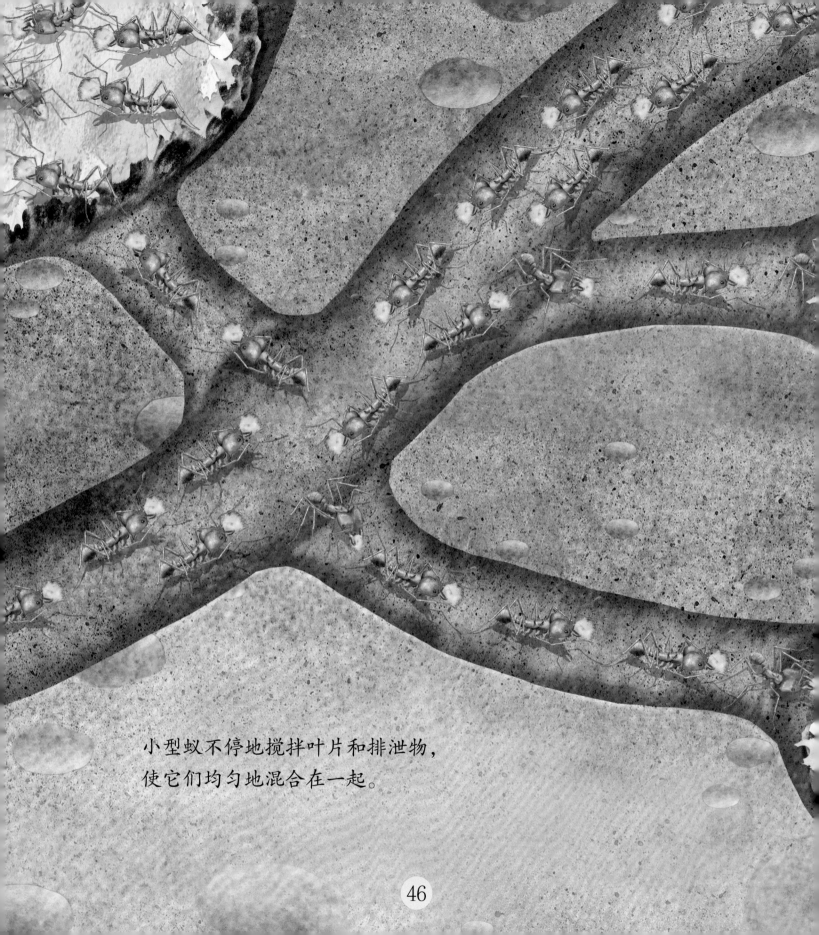

小型蚁不停地搅拌叶片和排泄物，
使它们均匀地混合在一起。

过了一段时间后，
混合物上面长出了真菌。

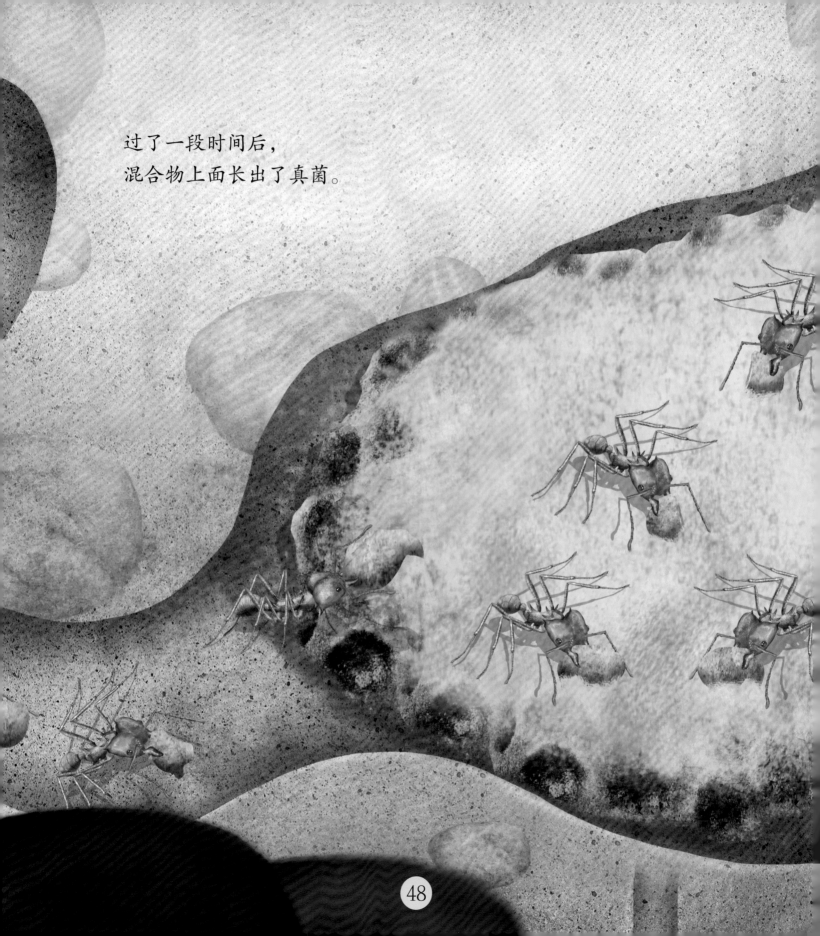

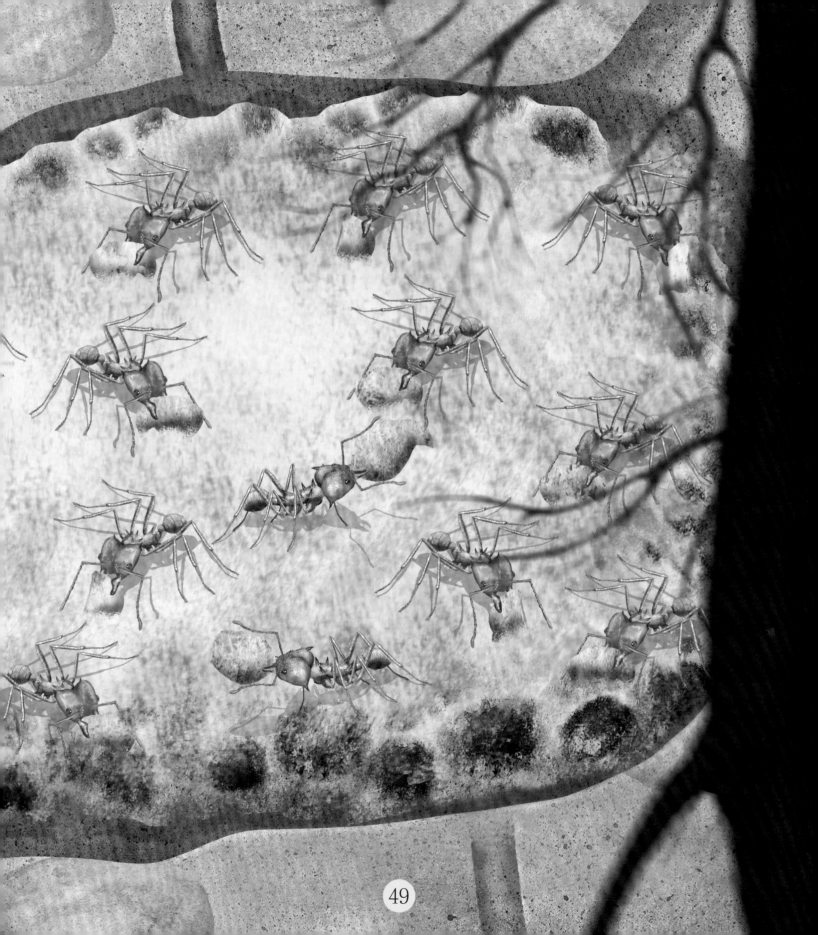

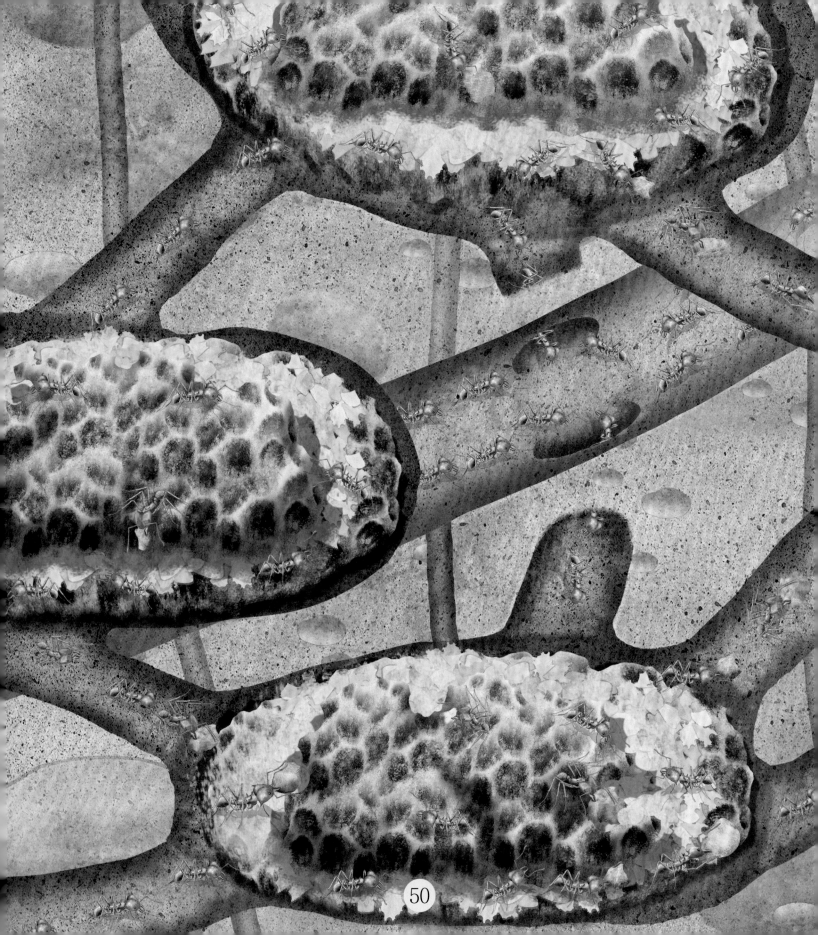

真菌越长越大，
就像一朵朵小蘑菇。

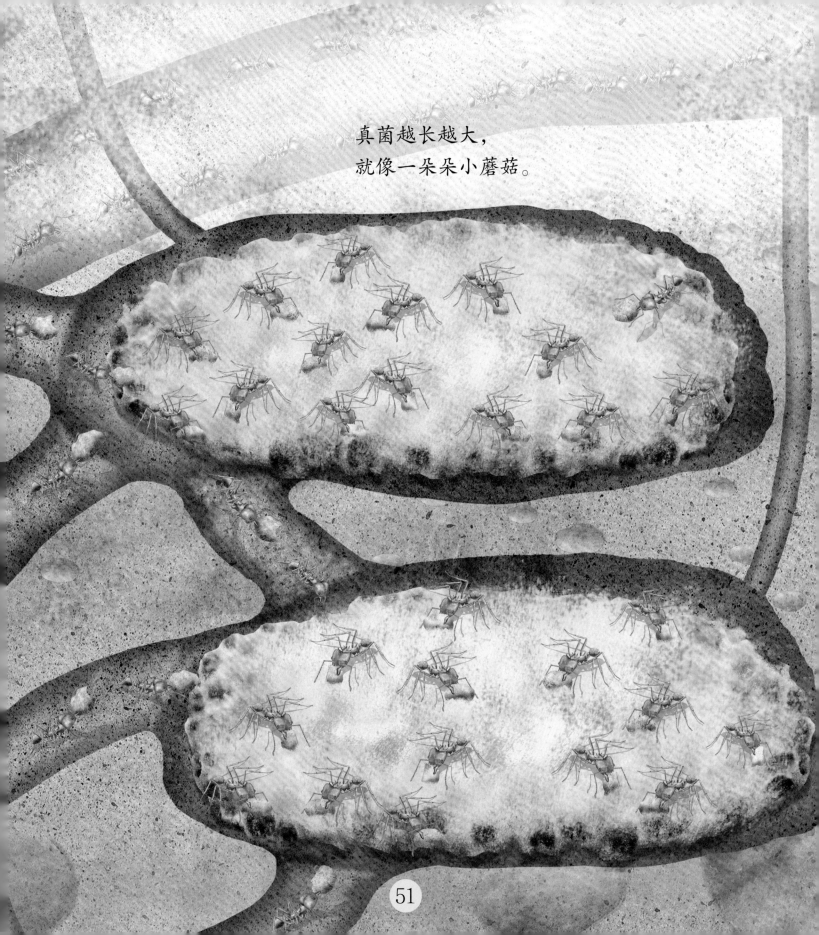

51

现在，轮到迷你蚁登场了！
它们采摘下真菌，
并将周围打扫干净。

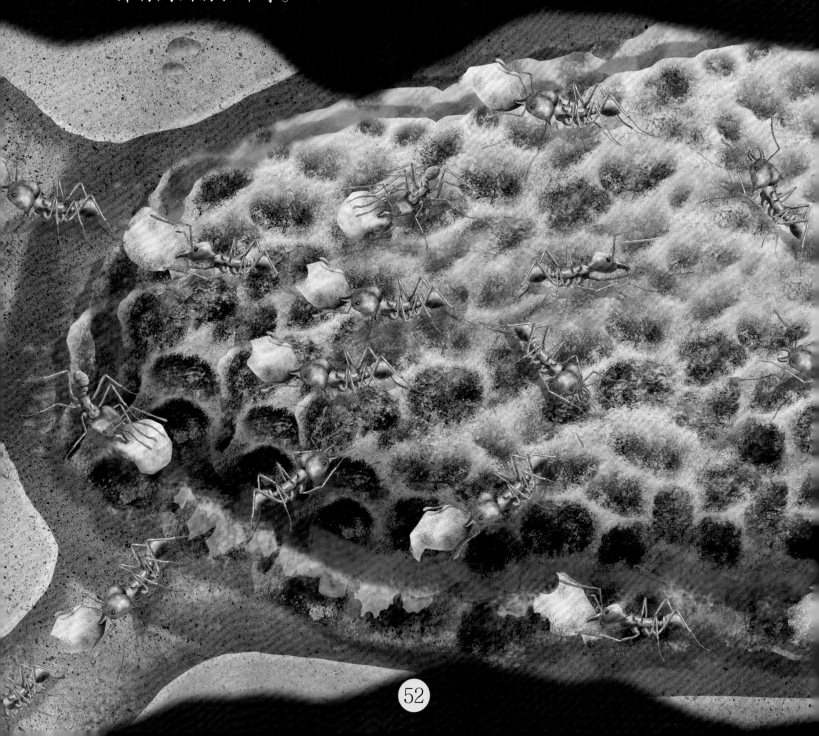

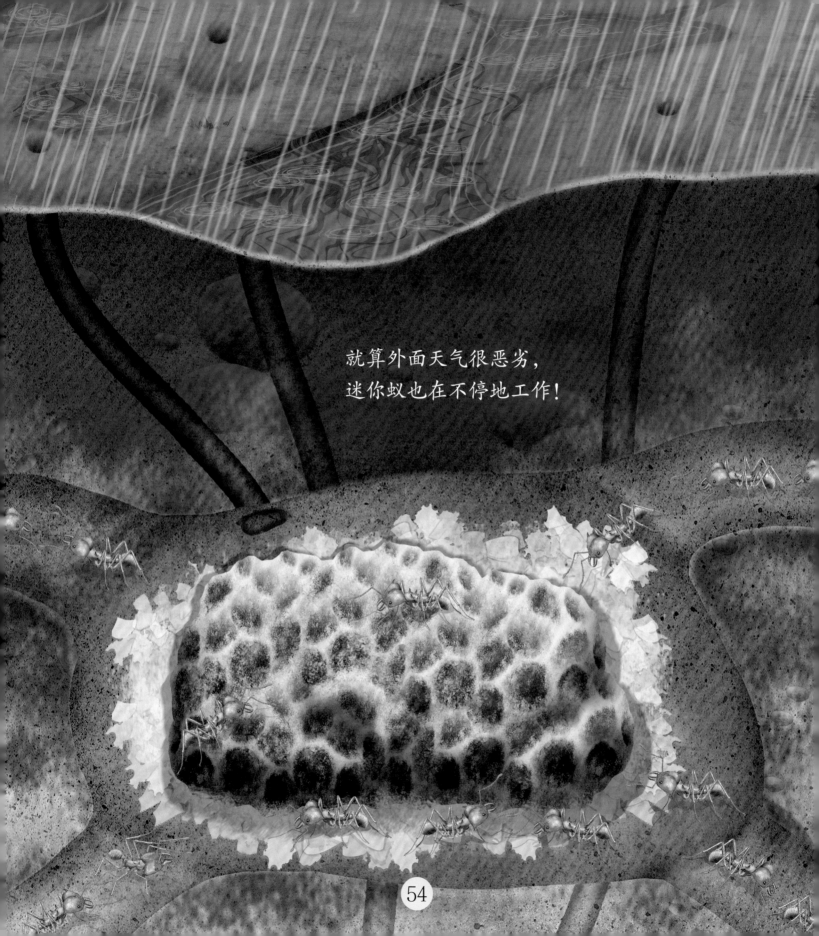

就算外面天气很恶劣，
迷你蚁也在不停地工作！

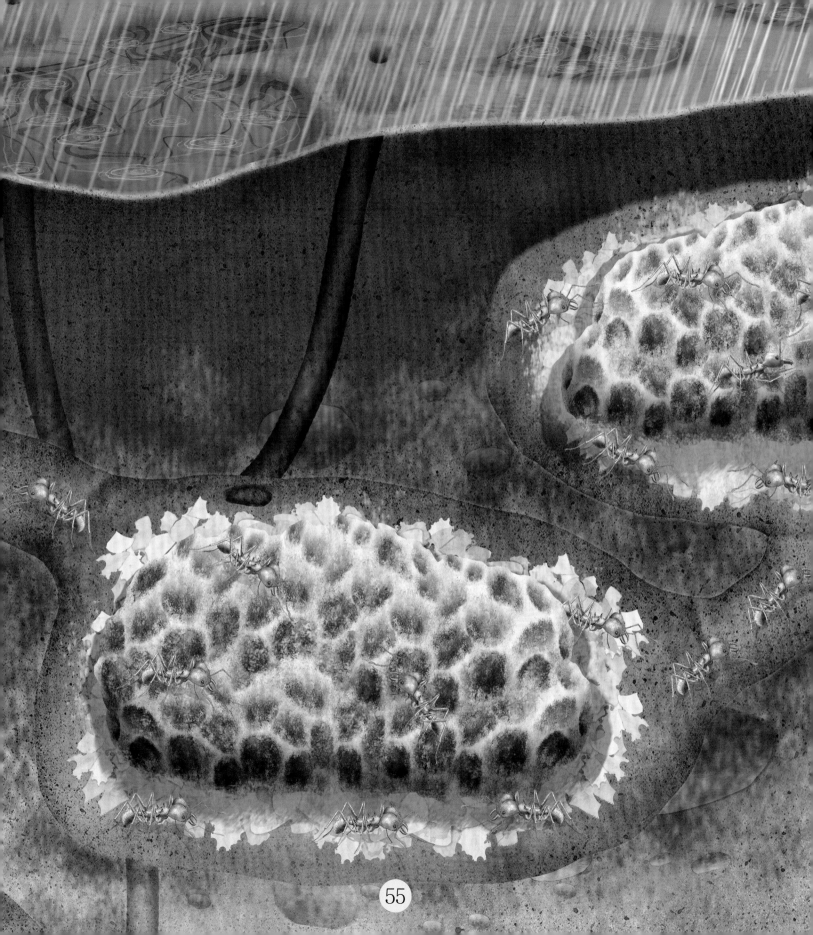

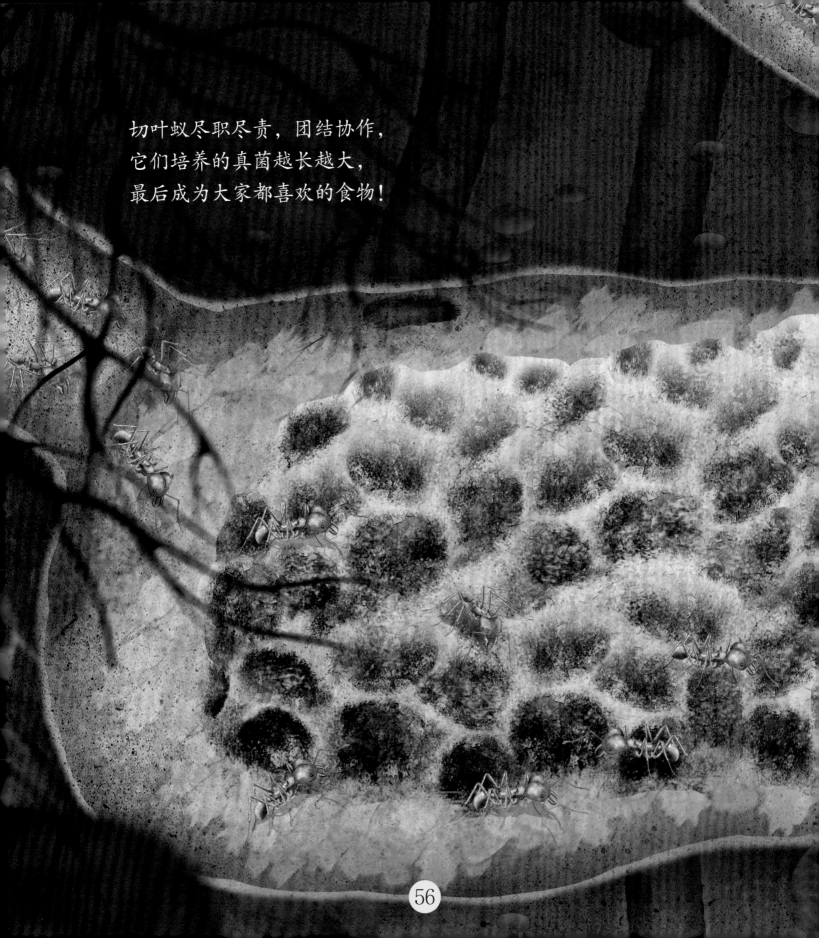

切叶蚁尽职尽责，团结协作，
它们培养的真菌越长越大，
最后成为大家都喜欢的食物！

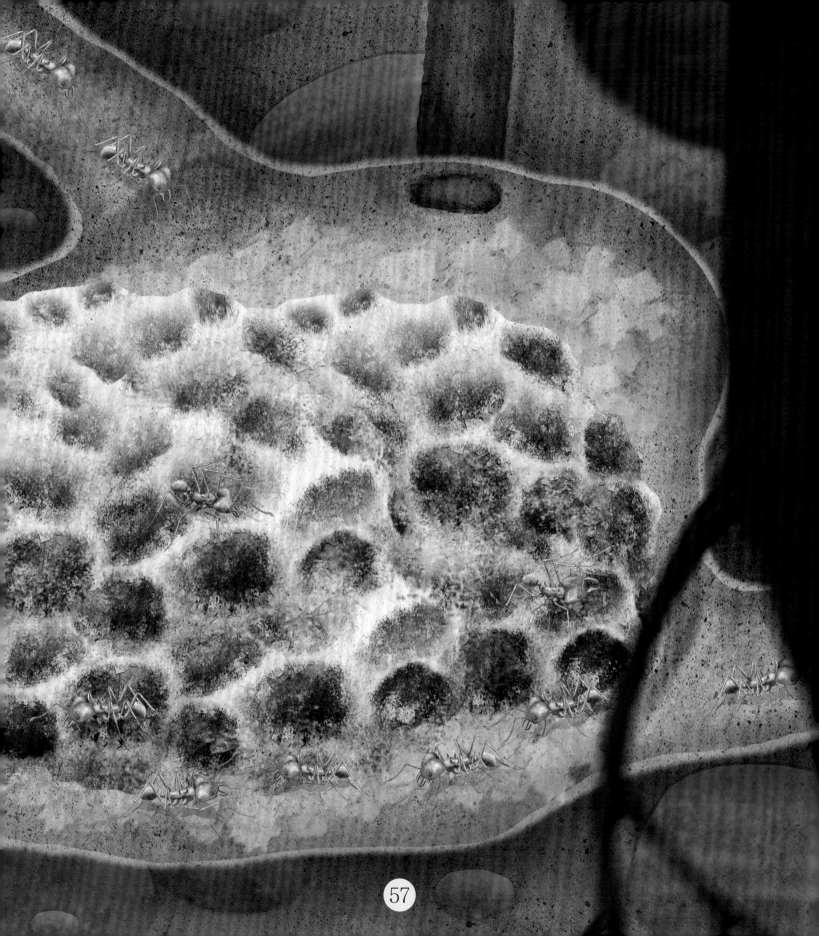

了解更多关于蚂蚁的知识!

切叶蚁为什么要收集叶子呢?

为了培植真菌。对切叶蚁来说，叶子不是直接拿来吃的，它们把叶子搬到蚁穴里，然后切成更小的碎片并堆叠在一起，最后培植出"真菌花园"。切叶蚁也吃叶子的汁液，但大部分叶子都被收集起来培植成了真菌。真菌既是切叶蚁的美味食物，还能改善蚁穴内的气候环境。

切叶蚁能收集多少叶子呢?

大树刚刚长出叶子时，切叶蚁就开始收集叶子了。一棵树的叶子多得数不清，但切叶蚁的数量也很多。有时候，切叶蚁只要两天的时间，就能采摘完一棵树的全部叶子。生活在中美洲热带地区的人，不会像温带地区的人一样种植农作物，因为切叶蚁会迅速破坏他们的庄稼。

切叶蚁培植的真菌对土壤环境是有好处的。真菌是生态系统中的分解者，能促进自然环境中碳和氮等元素的循环，可以增加土壤肥力，使周围土壤变得更加肥沃。

其他蚂蚁也培植真菌吗？

　　自然界中大约有 200 种蚂蚁会培植真菌。有的蚂蚁以动物腐烂的尸体为食，吃饱后把剩余物搬进蚁穴里储存起来，这样既能保证足够的真菌食物，也能使地面环境保持清洁。

　　切叶蚁又叫蘑菇蚁，有的切叶蚁培植真正的蘑菇，有的切叶蚁培植珊瑚状的猴头菌；有的切叶蚁用枯萎的叶子和花瓣培植真菌，有的切叶蚁用新鲜的叶子和花瓣培植真菌。

切叶蚁在搬运叶子。

切叶蚁培植出真菌花园。

通过阅读前面的故事，
你认识了哪些蚂蚁？

这些蚂蚁有什么特点？
它们有什么能力呢？

分 享

蚂蚁和许多植物都是好朋友，
它们保护植物生长，帮植物播撒种子，
植物也为蚂蚁提供美味的食物……
阅读这个故事，走进蚂蚁的世界，
了解蚂蚁如何与植物共生共存！

人类和喜欢的人分享礼物，
蚂蚁也和植物共享美好的东西。

甜柞树的枝叶间有甜甜的蜜汁，
是墨西哥蜜蚁喜欢的食物之一。

*编者注：此处甜柞树非图片中所示的植物，系
原书创作过程中的错误。引进时为保留图片完
整性，编者未作修改，特此备注。

为了享用甜柞树的蜜汁,
墨西哥蜜蚁会赶走附近的小动物,
让甜柞树不受干扰地健康生长。

66

除此之外，
墨西哥蜜蚁还会赶走附近的食草动物，
好给甜柞树腾出足够的生存空间，
让甜柞树生长得更高、更大、更茁壮。

墨西哥蜜蚁喜欢在甜柞树的分杈处安家。

它们啃食攀缘在树上的寄生植物，
让甜柞树保存营养，沐浴阳光，茁壮生长。

73

墨西哥蜜蚁帮甜柞树清除了周围的敌人和竞争者，
所以甜柞树即使在干旱的草原上也能生长得很好。

75

有些蚂蚁还帮助白屈菜播撒种子。

这些蚂蚁生活在白屈菜周围，
以白屈菜的种子为食。

秋天到来时，
蚂蚁收集白屈菜的种子，
并把它们搬到蚁穴中，
还防止它们腐烂。

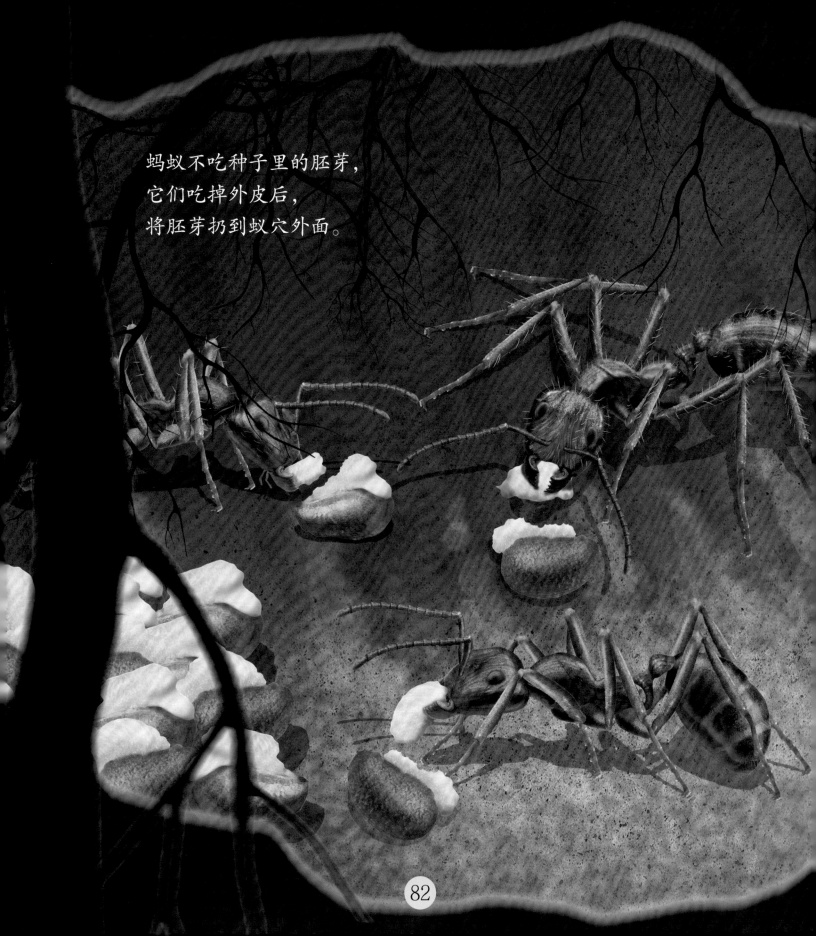

蚂蚁不吃种子里的胚芽，
它们吃掉外皮后，
将胚芽扔到蚁穴外面。

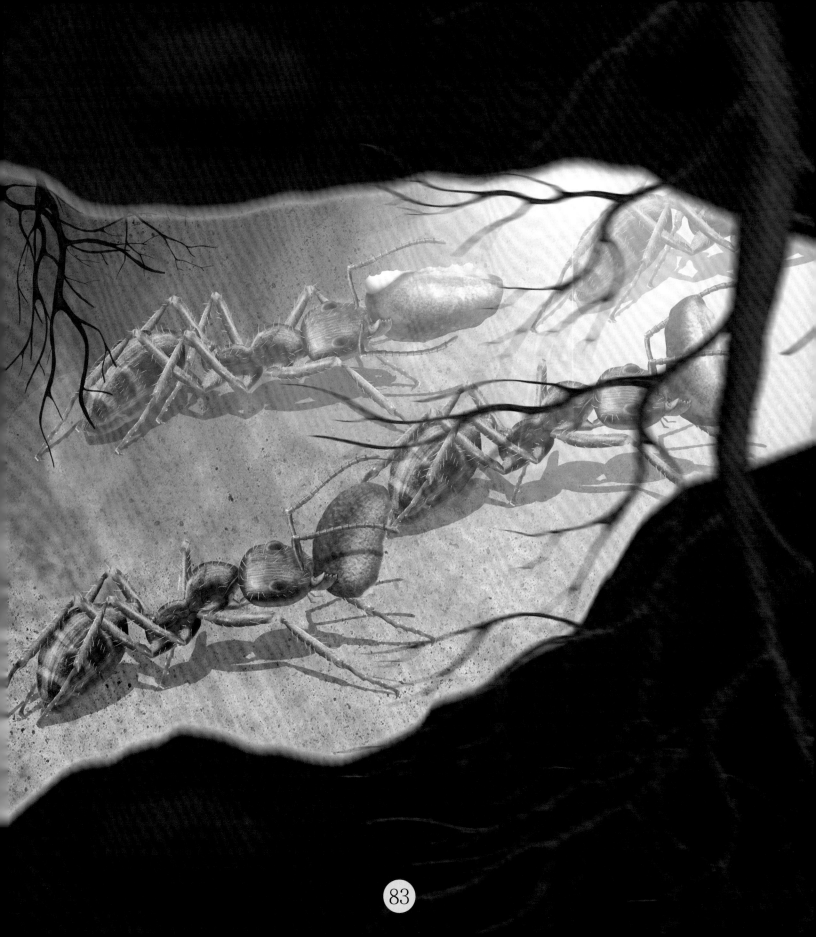

蚁穴周围的土壤非常肥沃，
被丢弃的胚芽在上面生根发芽，
最后长出幼苗，并成长为新的白屈菜。

84

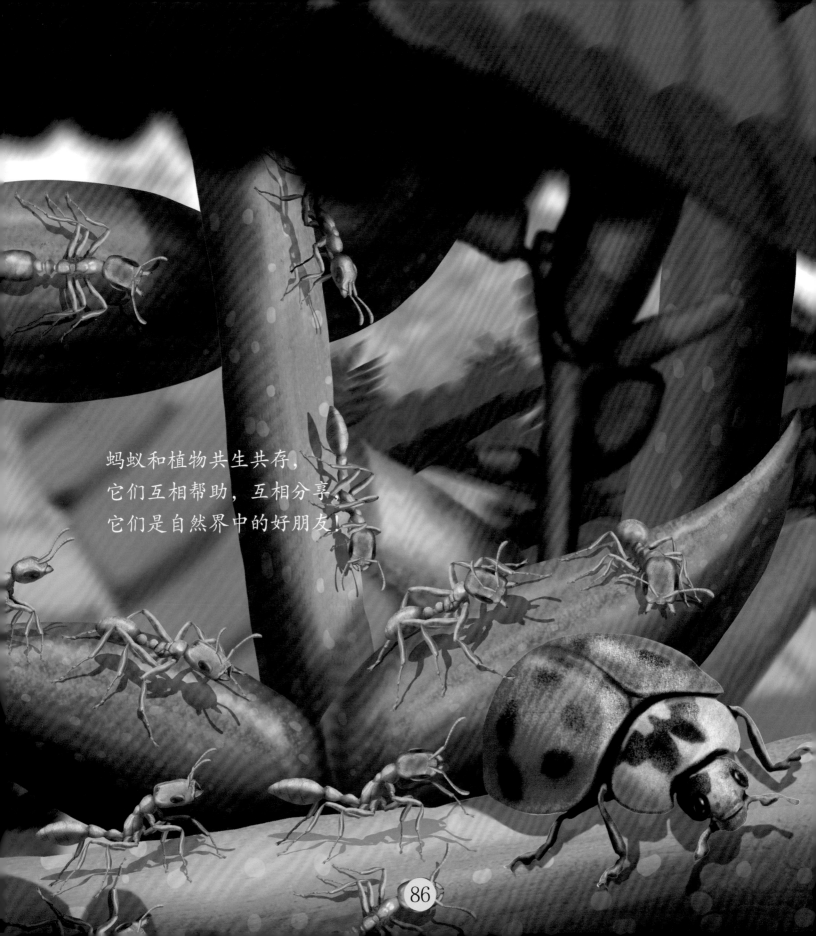

蚂蚁和植物共生共存，
它们互相帮助，互相分享，
它们是自然界中的好朋友！

了解更多
关于蚂蚁的
知识！

蚂蚁为什么要吃白屈菜的种子？

　　因为白屈菜的种子里含有油脂体。油脂体里储存了脂肪，是种子发芽前期的重要营养和能量。油脂体吸引蚂蚁采集和保存种子，它们把种子带到蚁穴里。但蚂蚁只吃种皮，不吃胚芽，所以在温度适宜的条件下，胚芽会生根发芽，最终长出新的植株。

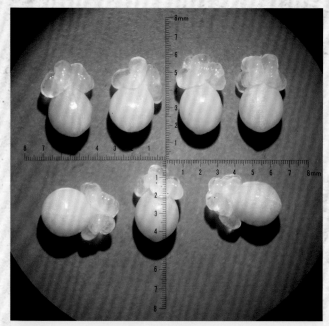

油脂体

88

哪些种子含有油脂体?

金凤花、海棠花、蓖麻子、紫罗兰和青草等超过1万种植物的种子都含有油脂体。

棉花种子富含油脂体。

花朵为什么要分泌花蜜?

花蜜是由植物的花蜜腺分泌的液体,气息香甜,味道可口,营养价值高,蝴蝶和蜜蜂等昆虫都喜欢吸食花蜜。花朵利用

花蜜吸引昆虫,使它们在自己身上停留。昆虫身上沾到花朵的花粉后,传播到另一朵花上,就可以帮助花朵完成授粉的过程。

蚂蚁在吸食花蜜。

通过阅读前面的故事，
你认识了哪些蚂蚁？

这些蚂蚁有什么特点？
它们有什么能力呢？

团体、生存、判断

〔韩〕崔在天◎著　〔韩〕朴尚贤◎绘　艾柯◎译

北京日报出版社

图书在版编目（ＣＩＰ）数据

小蚂蚁本领大.团体、生存、判断/（韩）崔在天著；
（韩）朴尚贤绘；艾柯译.—— 北京：北京日报出版社，
2022.1

ISBN 978-7-5477-4150-4

Ⅰ.①小… Ⅱ.①崔… ②朴… ③艾… Ⅲ.①蚁科-
儿童读物 Ⅳ.① Q969.554.2-49

中国版本图书馆 CIP 数据核字 (2021) 第 241384 号

北京版权保护中心外国图书合同登记号：01-2021-6877

< 최재천 교수의 어린이 개미 이야기 : 개미에게 배우는 단체생활 >
< 최재천 교수의 어린이 개미 이야기 : 개미에게 배우는 생존 >
< 최재천 교수의 어린이 개미 이야기 : 개미에게 배우는 판단력 >

小蚂蚁本领大
团体、生存、判断

出版发行：北京日报出版社
地　　址：北京市东城区东单三条8-16号东方广场东配楼四层
邮　　编：100005
电　　话：发行部：（010）65255876
　　　　　总编室：（010）65252135
责任编辑：许庆元
助理编辑：秦姣
印　　刷：河北彩和坊印刷有限公司
经　　销：各地新华书店
版　　次：2022 年 1 月第 1 版
　　　　　2022 年 1 月第 1 次印刷
开　　本：787 毫米×1092 毫米　　1/12
总 印 张：40
总 字 数：100 千字
定　　价：278.00 元（全 5 册）

团 体

行军蚁又称军团蚁，
它们在陆地上前进，
捕食沿途的猎物。
行军蚁军团里有哪些成员？
它们都在干什么？
阅读这个故事，走进蚂蚁的世界，
了解蚂蚁如何参与团体生活并发挥自己的能力！

人类有强大的军队，
蚁群中也有"军团"。

2

行军蚁生活在亚马孙河流域，
它们极具攻击性，又被称为军团蚁。

5

行军蚁不筑巢，不修蚁穴，
而以群体迁移的方式不断前进。
迁移途中可能猎食蜘蛛和昆虫等动物，
这些动物的体型通常比行军蚁本身大好几倍。

行军蚁周围生活着其他蚂蚁，
这些蚂蚁很弱小，
需要行军蚁的保护，
才能摆脱被捕食的命运。

行军蚁的前进方式多种多样。
有时排成长队，像树杈一样分支前进。

11

它们有时改变队形，
像扇子一样有序前进。

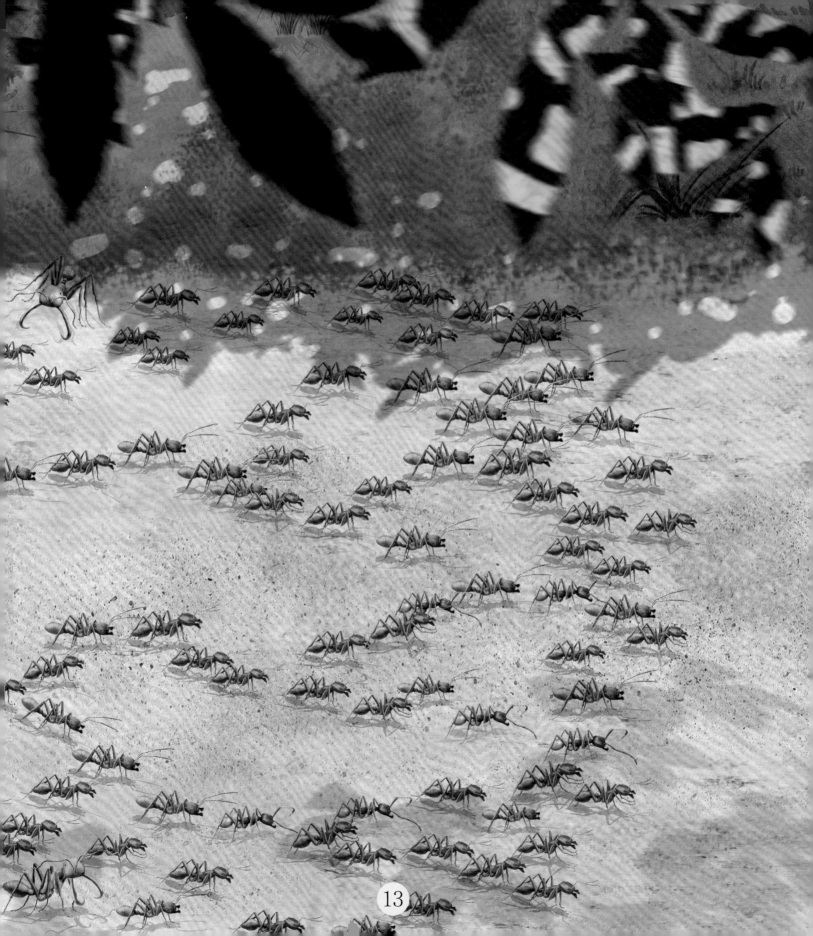

行军蚁的队伍有严格的等级划分，
不同蚂蚁扮演不同的角色，担任不同的职责。

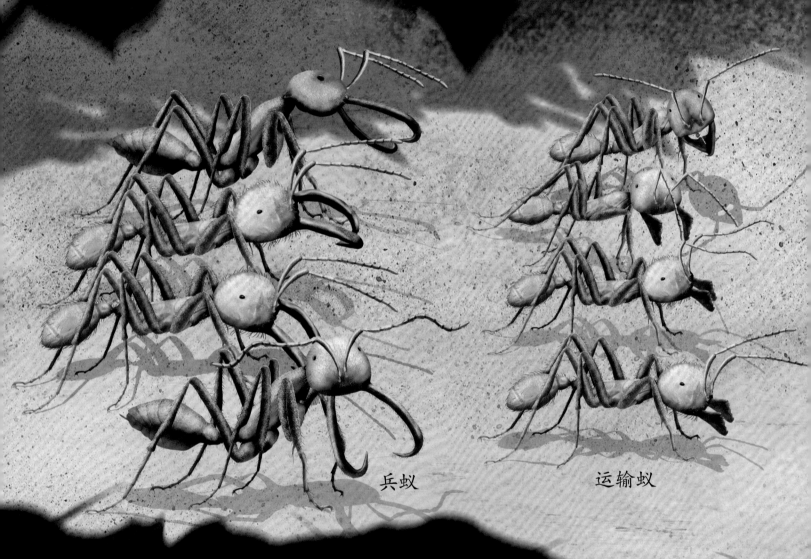

兵蚁　　　　　　　　运输蚁

工蚁

保姆蚁

兵蚁的体型最大,
下颚像镰刀一样锋利。
它们在军团外围站岗,
一旦有敌人出现,
就率先发动攻击。

16

运输蚁的体型比兵蚁小一些，
它们的下颚也强劲有力，
可以咬住食物将之搬到队伍的中间。

工蚁是蚁群中数量最多的成员，
体型较小，而且身体是黑色的，
它们都是雌蚁，负责搬运卵和蛹。

保姆蚁的体型比工蚁还小，
身体的颜色也更黑，
它们负责照顾巨大的蚁后。

为了寻找食物，
行军蚁不停地前进，
直到蚁后产卵时才停下来。
行军蚁缠绕在一起，
将蚁后围在蚁群的最中间，
保护它，让它安全地产卵。
等到卵孵化成新的小蚂蚁，
行军蚁军团就会继续前进啦！

行军蚁依靠集体，它们共同生活，
并通过这种方式壮大自己的力量！

了解更多
关于蚂蚁的
知识！

行军蚁中最著名的蚂蚁叫什么？

　　行军蚁主要生活在热带和亚热带地区，在南美洲、非洲和亚洲都有分布，还有一部分生活在北美洲地区。布氏游蚁是最著名的行军蚁，它们生活在南美洲，是我们最熟悉的行军蚁。

行军蚁怎么睡觉？

　　行军蚁没有固定的巢穴，总是在迁移。行军蚁白天忙着觅食，晚上才有时间睡觉和休息。它们有时在空置的动物巢穴或天然洞穴中睡觉，有时将身体聚集在一起组成露营地，方便同伴休息。行军蚁的露营地一般由 50 万只工蚁组成，质量可达 1 千克。

行军蚁正在集结成露营地。

行军蚁的蚁后也要婚飞吗？

　　与大多数蚂蚁不同，行军蚁不举行婚飞仪式。雄蚁在繁殖季节离开蚁穴，去别的行军蚁蚁群中寻找蚁后结合。交配结束后，蚁后的翅膀脱落，雄蚁的翅膀也会被折断。

行军蚁在路面上有序地前进。

通过阅读前面的故事，
你认识了哪些蚂蚁？

这些蚂蚁有什么特点？
它们有什么能力呢？

生存

小小的蚂蚁生活在大大的世界里，
每走一步都可能遇到危险。
哪些危险最让蚂蚁害怕？
它们怎么克服这些危险呢？
阅读这个故事，走进蚂蚁的世界，
了解蚂蚁如何在各种危机中生存下来！

我们可能遇到突如其来的危险，
蚂蚁也可能遇到各种各样的危险。

对蚂蚁来说，
最危险的是以它们为食的天敌。

蚁狮是蚂蚁的天敌和克星，
蚂蚁是蚁狮最喜欢的食物。
蚁狮在沙地中挖出漏斗形的小坑，
等着小昆虫送上门来，落到坑底。

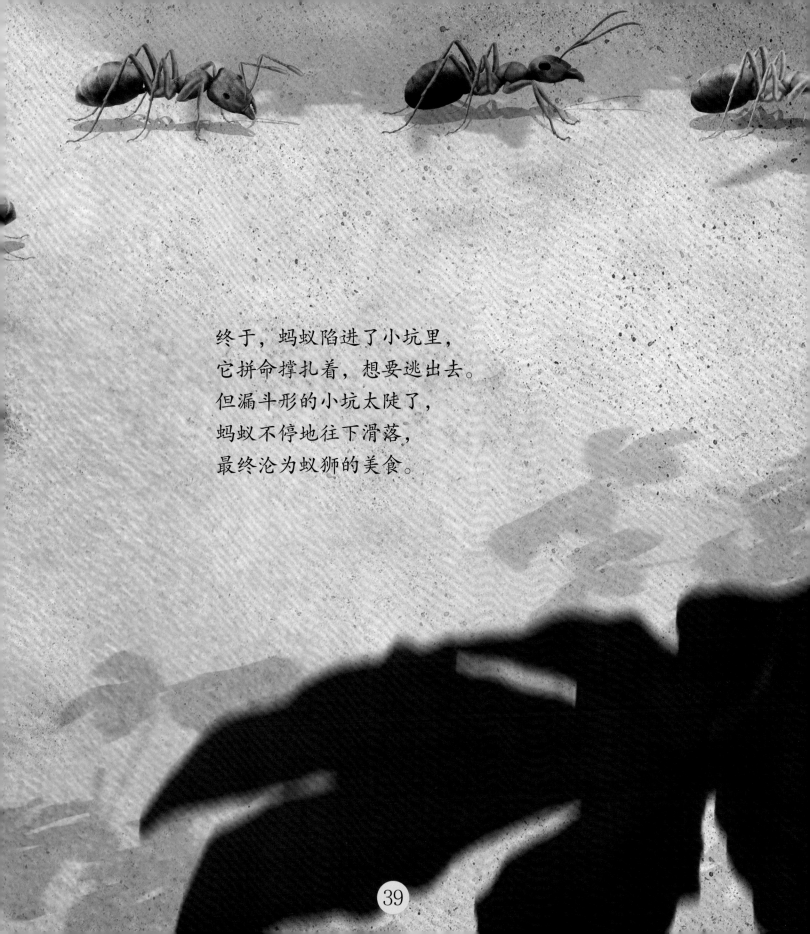

终于，蚂蚁陷进了小坑里，
它拼命撑扎着，想要逃出去。
但漏斗形的小坑太陡了，
蚂蚁不停地往下滑落，
最终沦为蚁狮的美食。

蚂蚁和人类一样，
也有失误的时候。

它们的失误就是碰到毛毛虫。

毛毛虫身上长有刚毛，
刚毛会盖在蚂蚁身上，
把它团团围住，
让它无法动弹，
最后窒息而死。

生活在热带的蚂蚁要小心食蚁兽！
食蚁兽用尖利的爪子刨开蚁穴，
把黏糊糊的长舌头伸进蚁穴里，
一下子就可以舔食许多小蚂蚁。

生活在热带的蚂蚁很不容易，
它们还要格外小心霉菌！
如果蚂蚁体表被霉菌覆盖，
或者体内感染有毒的细菌，
它们就只能坐以待毙了！

有些蚂蚁是其他蚂蚁的天敌。
行军蚁极具攻击性，
它们会猎食其他种类的蚂蚁。

48

武士蚁攻进黑褐蚁的蚁穴，
抢走它们的蛹作为食物。

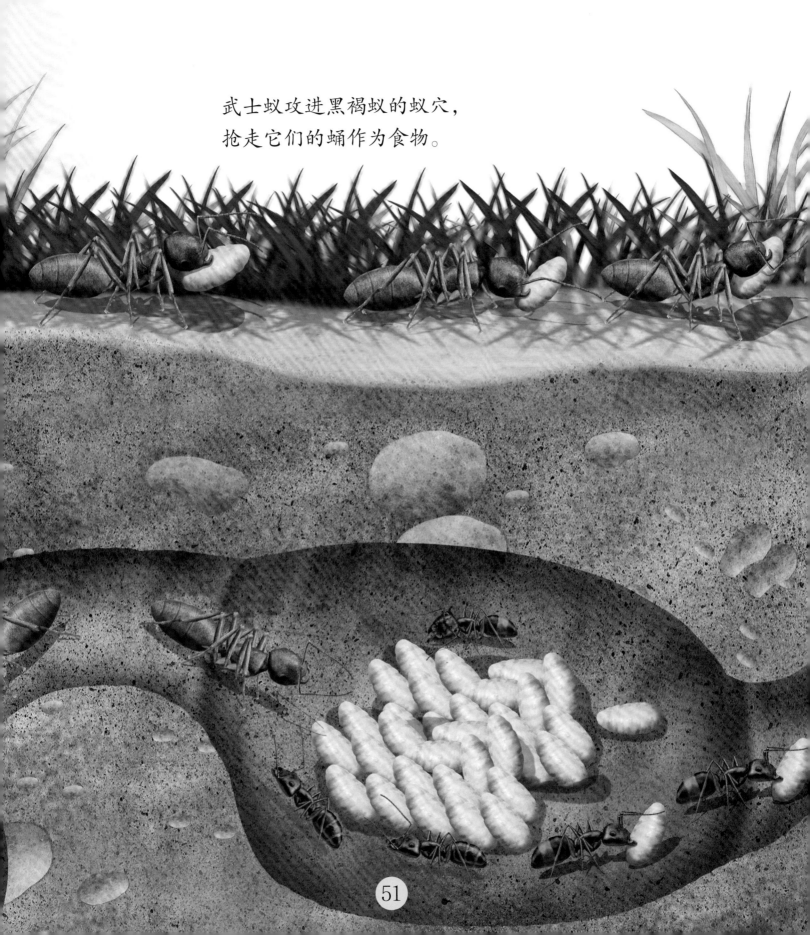

51

搬运叶子的切叶蚁要当心苍蝇，
因为苍蝇可能在它们身上产卵。

52

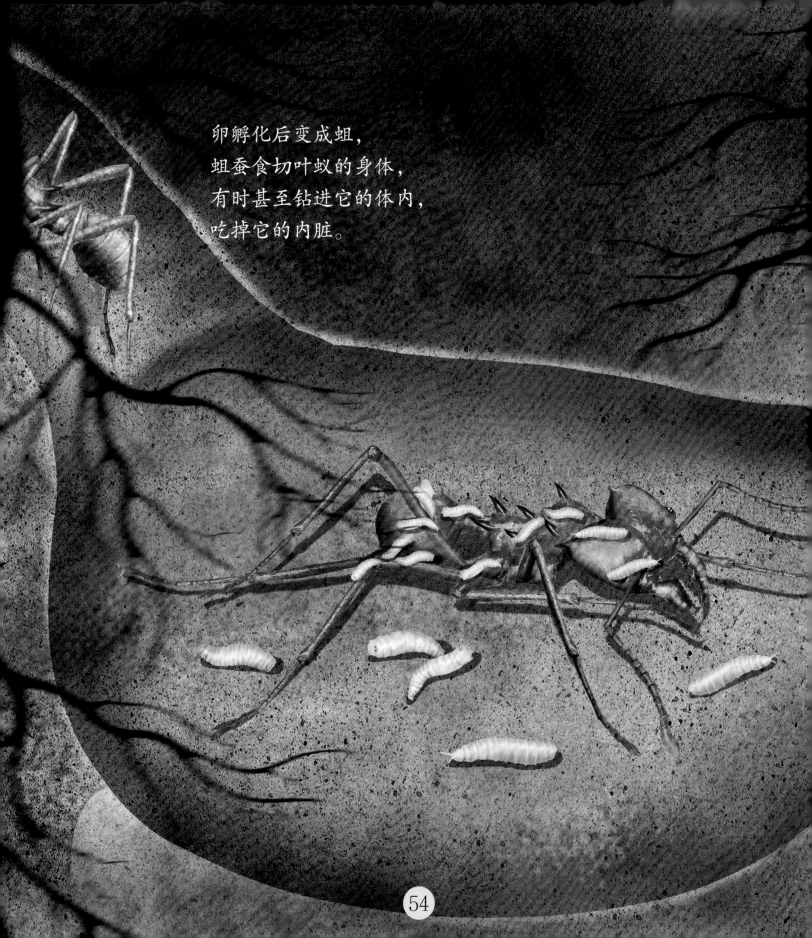

卵孵化后变成蛆，
蛆蚕食切叶蚁的身体，
有时甚至钻进它的体内，
吃掉它的内脏。

54

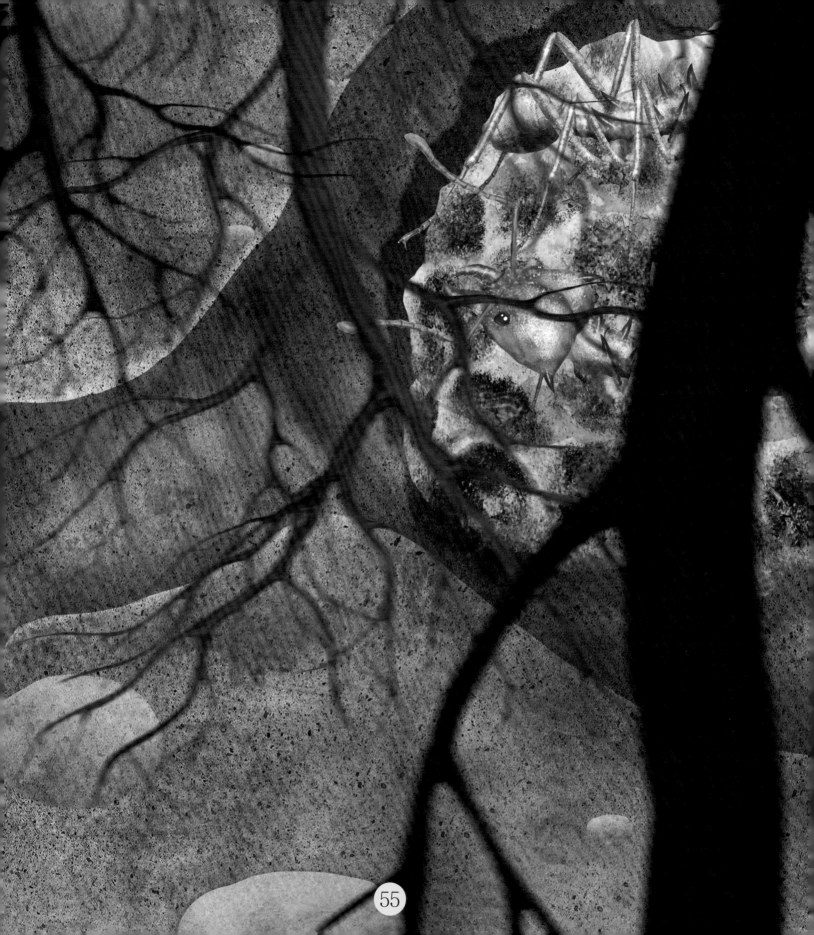

蚂蚁的世界充满危机，
但它们从来没有放弃。
它们积极寻求生存的方法，
它们都是顽强的小动物！

热带蚂蚁的身上会长霉菌吗？

热带地区高温湿热，容易滋生霉菌。为了适应这种生存环境，热带蚂蚁从胸腺中分泌出化学物质，用于灭杀细菌和霉菌等。而且，这种化学物质还具有免疫性，让蚂蚁身上无法滋生细菌。更为重要的是，对切叶蚁来说，这种免疫物质不会影响它们培植真菌。

天敌在自然界中必不可少吗？

所有生物都有天敌。一种生物生活在某个特定范围内，以某些生物为食，也有可能成为其他生物的食物。当某些生物以蚂蚁为食时，这些生物就是蚂蚁的天敌。一方面，天敌可以抑制蚂蚁数量增长，另一方面，就算天敌非常强大，也很难完全消灭蚂蚁。如果蚂蚁全军覆没了，天敌就会因缺乏食物而灭亡。生物和天敌之间形成相对的平衡关系，这就是生态系统的自然平衡。

自然界中有长得像蚂蚁的昆虫吗？

　　自然界中有许多模仿蚂蚁的昆虫。有些蜘蛛长得像蚂蚁，让敌人误以为它们会叮咬。有些动物生活在蚂蚁周围，让天敌不敢靠近。还有些动物会伪装，以蚂蚁的身份靠近蚁群，然后出其不意地吃掉蚂蚁。

　　许多昆虫，比如隐翅虫和甘薯蚁象等鞘翅目昆虫，腰身像蚂蚁一样纤细。角蝉生活在热带森林中，有的角蝉把前胸背板变成刺状，就像蚂蚁的触角和足部一样，把身体的其他部位变成球状，就像蚂蚁的头部和腹部一样。这样的角蝉看起来简直和蚂蚁一模一样。动物以蚂蚁为对象进行拟态的行为被称为拟蚁现象。

隐翅虫是一种鞘翅目昆虫，有些隐翅虫长得和蚂蚁很像，成虫是杂食性动物。

通过阅读前面的故事，
你认识了哪些蚂蚁？

这些蚂蚁有什么特点？
它们有什么能力呢？

判 断

蚂蚁的世界里也有战争。
战争似乎总是悄无声息地进行，
蚂蚁怎样在战争中判断形势，
战争的结果最终又如何呢？
阅读这个故事，走进蚂蚁的世界，
了解蚂蚁如何运用聪明才智赢得战争！

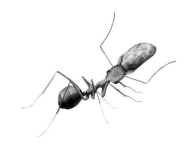

人类世界有战争，
蚂蚁的世界里也有战争。

战争的原因多种多样，
蚂蚁为什么要发起战争呢？

蜜罐蚁生活在贫瘠的沙漠里，
那里气候恶劣，食物短缺。

运气好的时候，
蜜罐蚁能找到不错的食物，
比如甜蜜多汁的毛毛虫。

为了不让其他蚂蚁发现自己的猎物，
蜜罐蚁要想办法迅速转移自己的猎物。

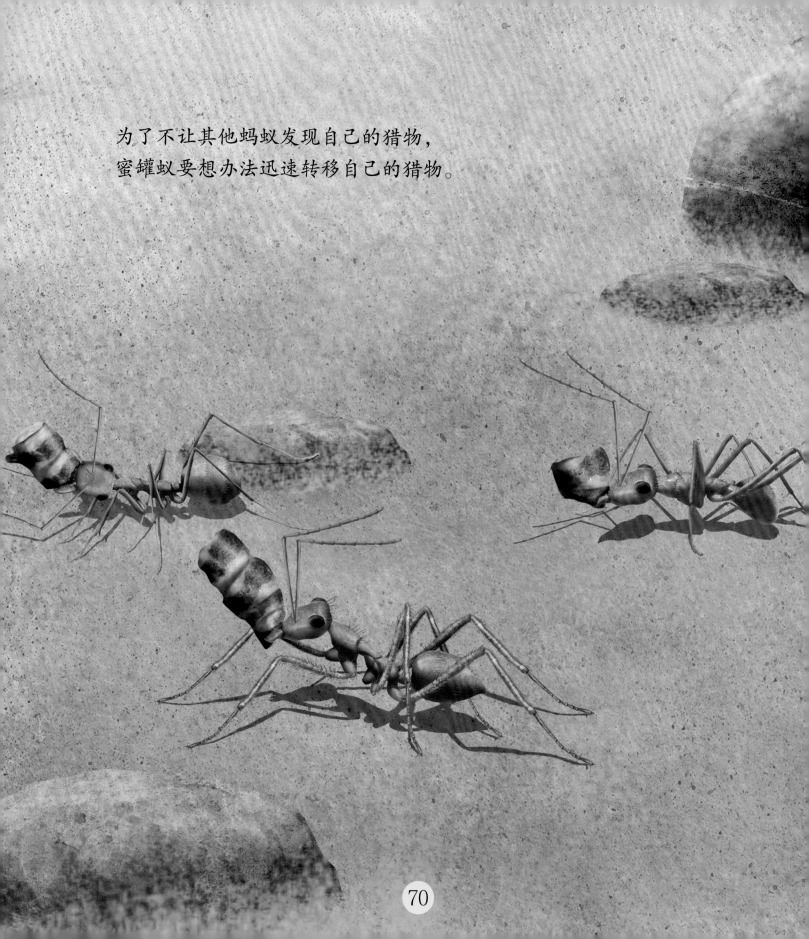

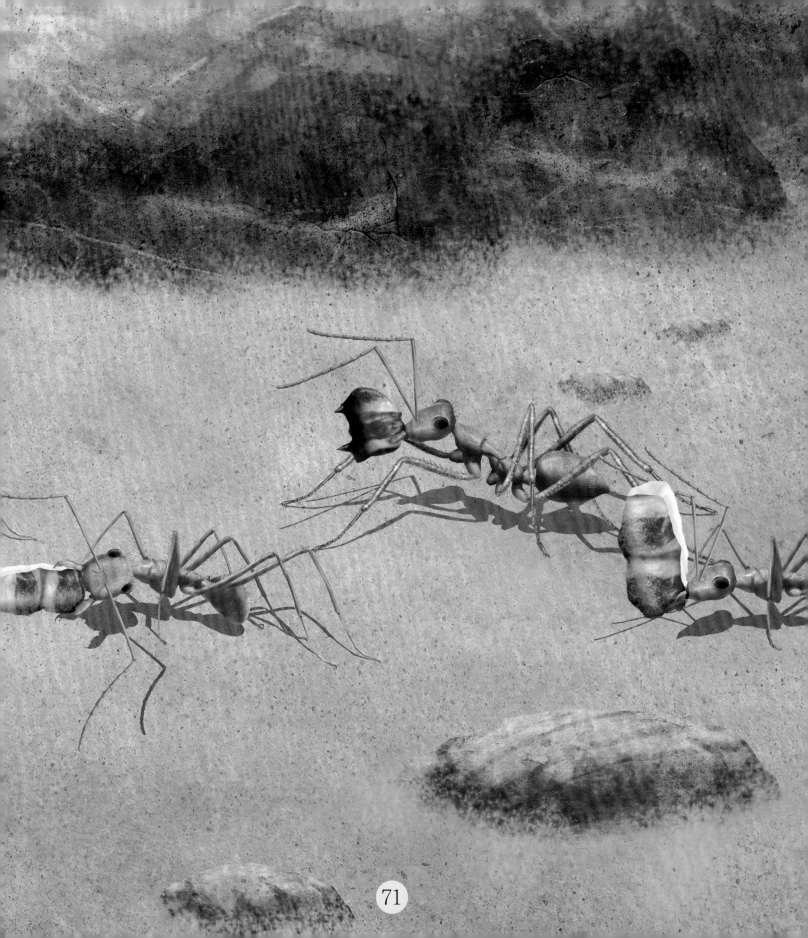

但猎物通常很重，
蜜罐蚁不能搬着它走很远的路，
所以无法直接返回自己的巢穴。

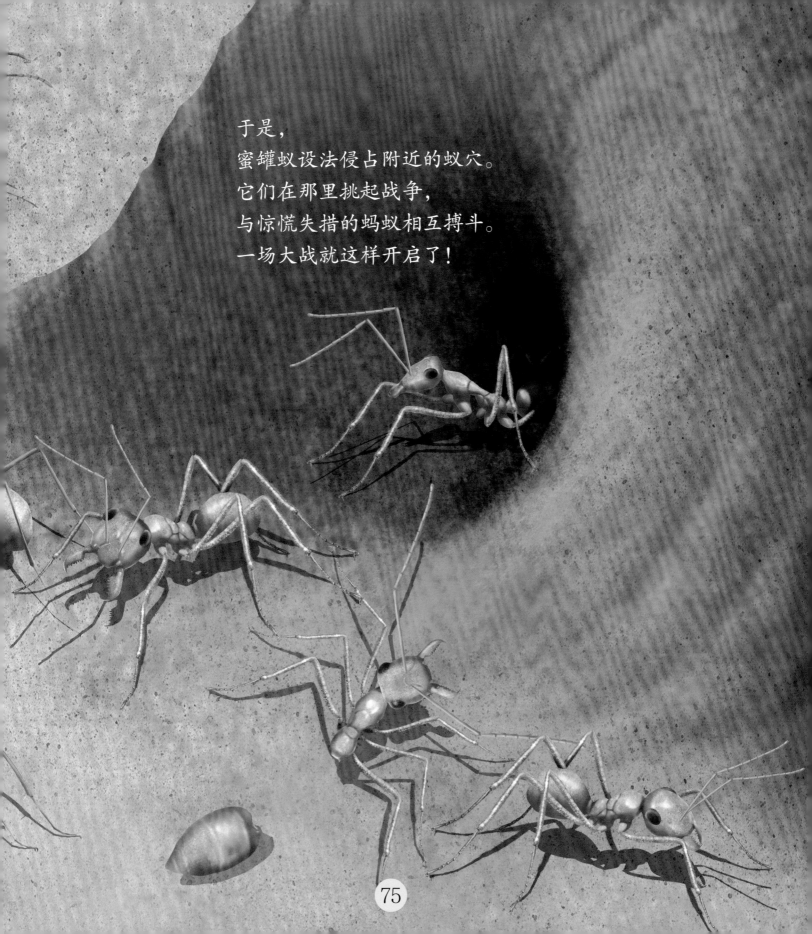

于是,
蜜罐蚁设法侵占附近的蚁穴。
它们在那里挑起战争,
与惊慌失措的蚂蚁相互搏斗。
一场大战就这样开启了!

75

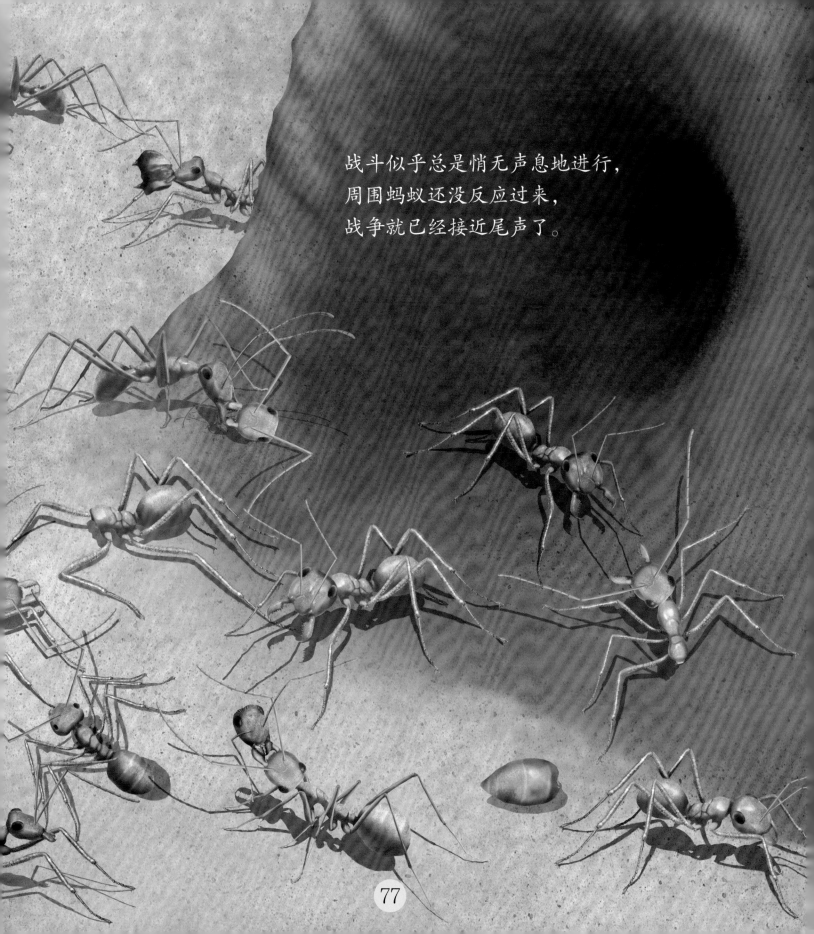

战斗似乎总是悄无声息地进行，
周围蚂蚁还没反应过来，
战争就已经接近尾声了。

蜜罐蚁通常是战争中的胜利者，
但它们也有打败仗的时候，
尤其是遇到抢夺食物的狩猎蚁。

蜜罐蚁的蚁穴就在仙人掌附近，
狩猎蚁决定冲进去，攻占它们的蚁穴。

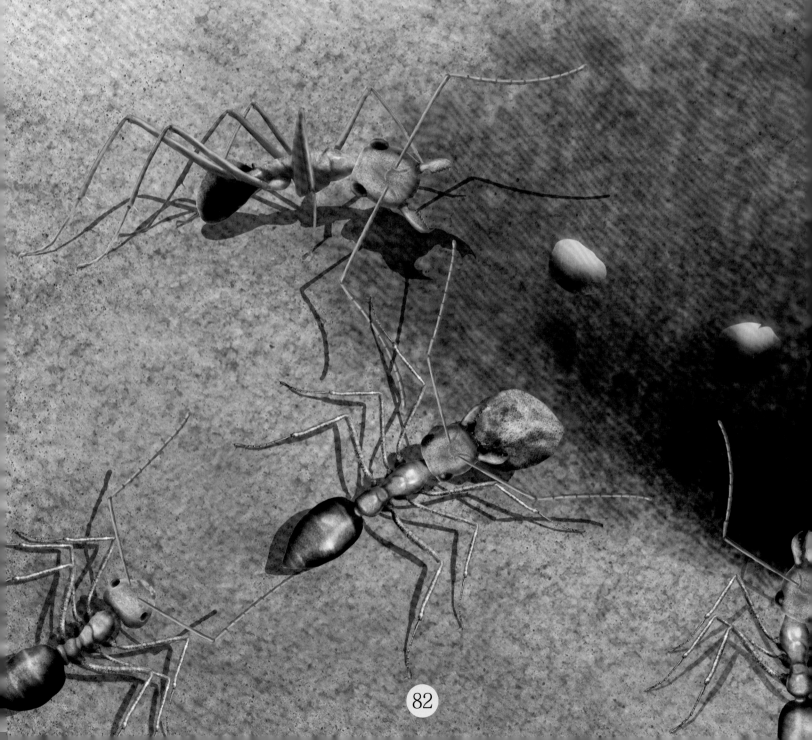

狩猎蚁围在蜜罐蚁的蚁穴周围，
用下颚叼住石头，丢到蚁穴中。

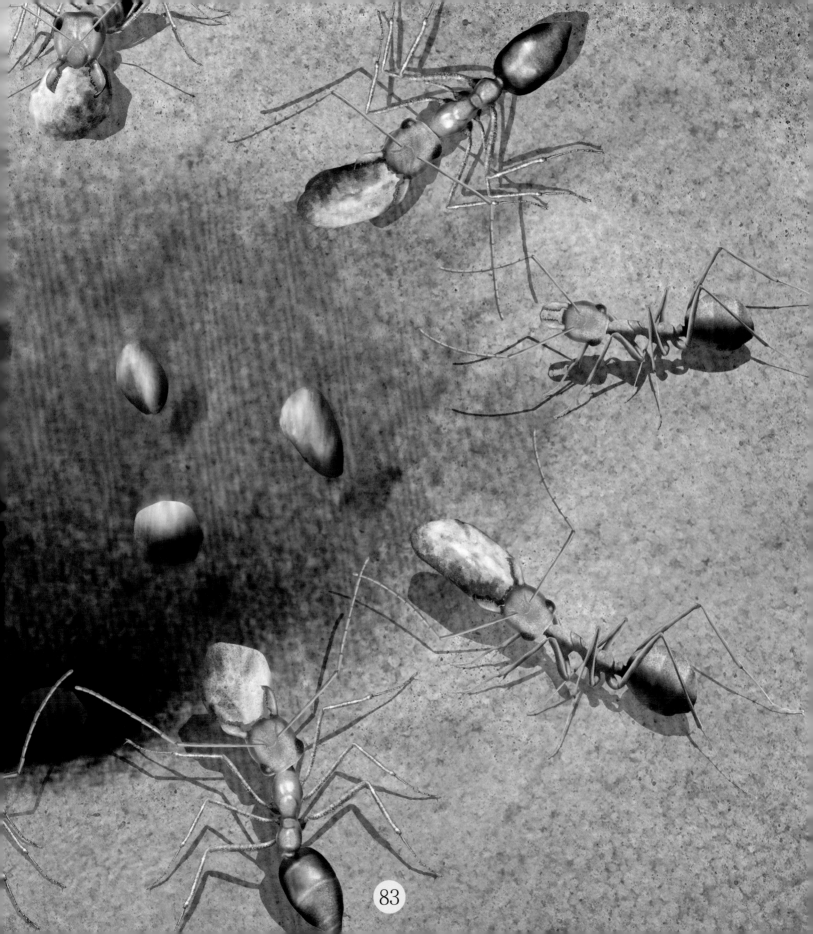

蜜罐蚁突然遭遇"山崩",
它们陷入混乱之中,
忙着清理不断滚落的石头。

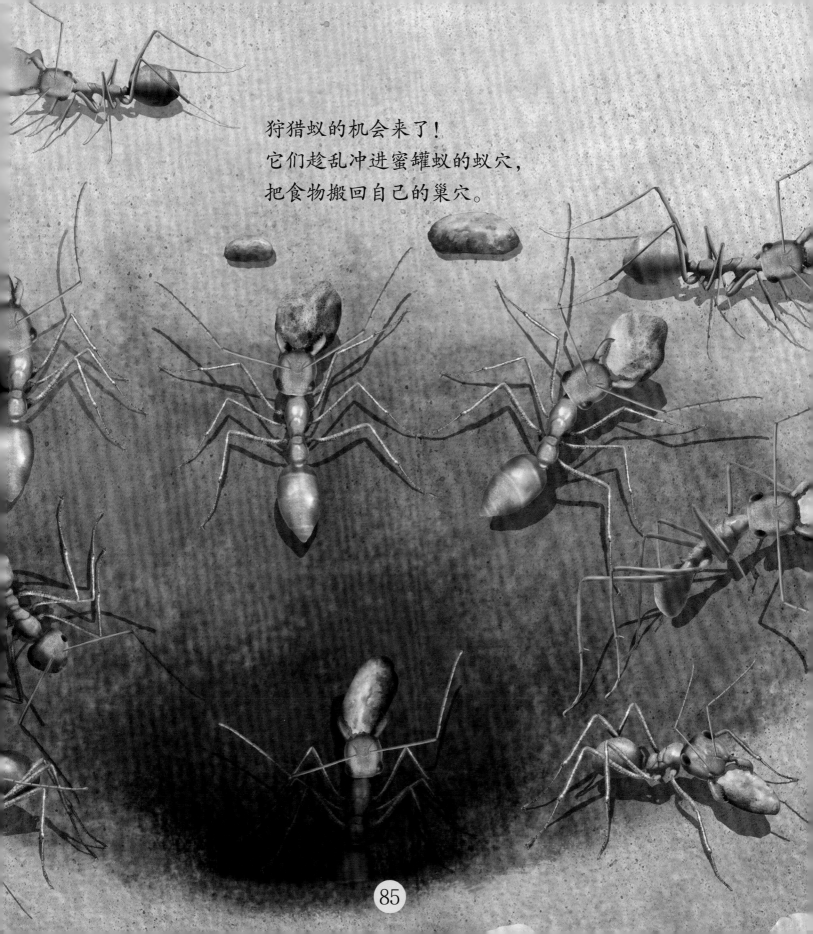

狩猎蚁的机会来了！
它们趁乱冲进蜜罐蚁的蚁穴，
把食物搬回自己的巢穴。

蚂蚁也在战争中使用策略，
它们清晰地判断当前的形势，
用智慧克敌制胜，令人感到惊讶！

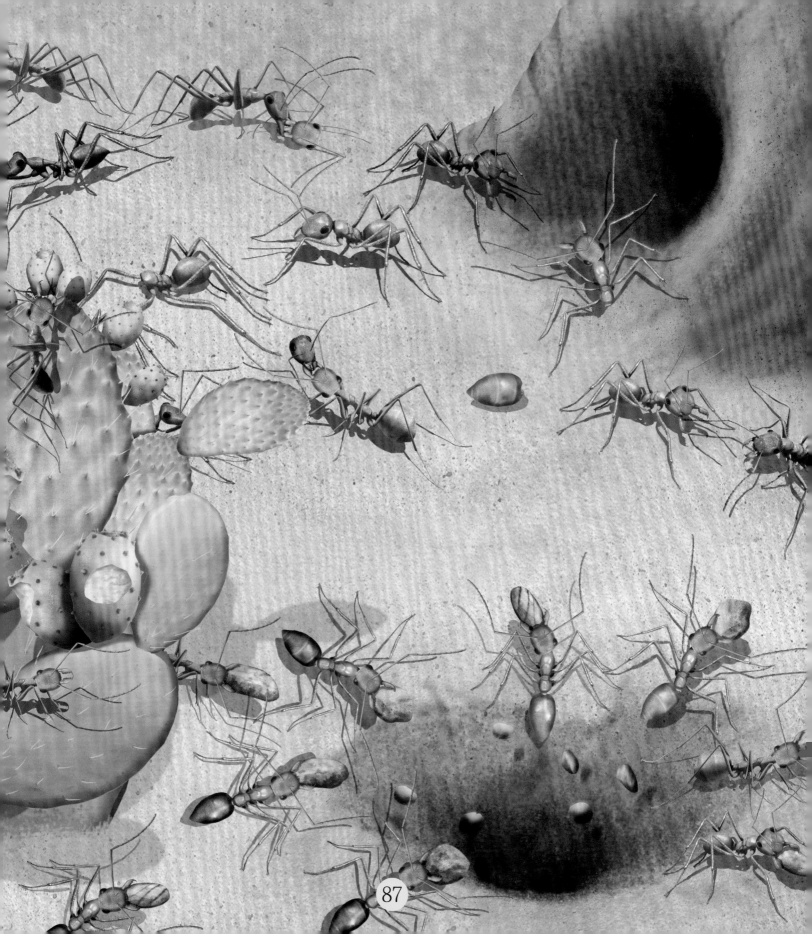

了解更多
关于蚂蚁的
知识!

发起战争的蜜罐蚁

　　蜜罐蚁常常因为食物而发起战争。它们如果缺乏食物，就有可能入侵附近的蚁穴。一群蜜罐蚁迅速出动，抢到食物后及时撤离，避免战争愈演愈烈。表面上看，蜜罐蚁是好斗的小动物，但发起战争的原因通常是因为缺乏食物。

　　除此之外，蜜罐蚁还会为了奴役别的蚂蚁而发起战争。如果它们发现弱小的蚁群，就会冲进蚁穴里，绑架幼虫带回自己的蚁穴。等这些幼虫发育为成年蚂蚁后，就可以替蜜罐蚁干活了。

及时逃离战场的蜜罐蚁。

蜜罐蚁的敌人

有种蚂蚁能分泌毒液，并用毒液威胁蜜罐蚁，把它们赶到地下或驱逐出蚁穴，从而抢夺蜜罐蚁的食物。狩猎蚁异常凶猛，叮咬能力非常强，可以用下颚叼起石头。它们把石头扔到蜜罐蚁的蚁穴里，蜜罐蚁忙着清理不断滚落的石头，来不及反击，狩猎蚁就趁乱闯进蚁穴里，抢走蜜罐蚁的食物。

狩猎蚁将石头扔到蜜罐蚁的蚁穴里。

通过阅读前面的故事，
你认识了哪些蚂蚁？

这些蚂蚁有什么特点？
它们有什么能力呢？

创造、适应、沟通

[韩] 崔在天◎著　　[韩] 朴尚贤◎绘　艾柯◎译

北京日报出版社

图书在版编目（ＣＩＰ）数据

小蚂蚁本领大 . 创造、适应、沟通 /（韩）崔在天著；
（韩）朴尚贤绘；艾柯译 . —— 北京：北京日报出版社，
2022.1

ISBN 978-7-5477-4150-4

Ⅰ . ①小… Ⅱ . ①崔… ②朴… ③艾… Ⅲ . ①蚁科 -
儿童读物 Ⅳ . ① Q969.554.2-49

中国版本图书馆 CIP 数据核字 (2021) 第 241383 号

北京版权保护中心外国图书合同登记号：01-2021-6877

< 최재천 교수의 어린이 개미 이야기 : 개미에게 배우는 창의성 >
< 최재천 교수의 어린이 개미 이야기 : 개미에게 배우는 적응력 >
< 최재천 교수의 어린이 개미 이야기 : 개미에게 배우는 의사소통 >
Text and Illustration Copyright © 2017 by Choe Jaecheon
Text and Illustration Copyright © 2017 by Park Sanghyeon
All rights reserved.
The simplified Chinese translation is published by Beijing Baby Cube Children Brand
Management Co., Ltd in 2022, by arrangement with Rejem Publishing Co. through Rightol
Media in Chengdu.
本书中文简体版权经由锐拓传媒旗下小锐取得 (copyright@rightol.com)。

小蚂蚁本领大

创造、适应、沟通

出版发行：北京日报出版社

地　　址：北京市东城区东单三条8-16号东方广场东配楼四层

邮　　编：100005

电　　话：发行部：（010）65255876
　　　　　总编室：（010）65252135

责任编辑：许庆元

助理编辑：秦姣

印　　刷：河北彩和坊印刷有限公司

经　　销：各地新华书店

版　　次：2022 年 1 月第 1 版
　　　　　2022 年 1 月第 1 次印刷

开　　本：787 毫米 × 1092 毫米　1/12

总 印 张：40

总 字 数：100 千字

定　　价：278.00 元（全 5 册）

创 造

我们都住在温暖舒适的房子里，
蚂蚁也有自己的房子。
有的蚂蚁在地下挖掘蚁穴，
有的蚂蚁在树上修筑蚁巢……
阅读这个故事，走进蚂蚁的世界，
了解蚂蚁修筑巢穴的神奇本领吧！

像人类一样，
蚂蚁也会建造"房子"。

2

切叶蚁是蚂蚁中的建筑大师，
它们生活在热带地区的地下蚁穴里。

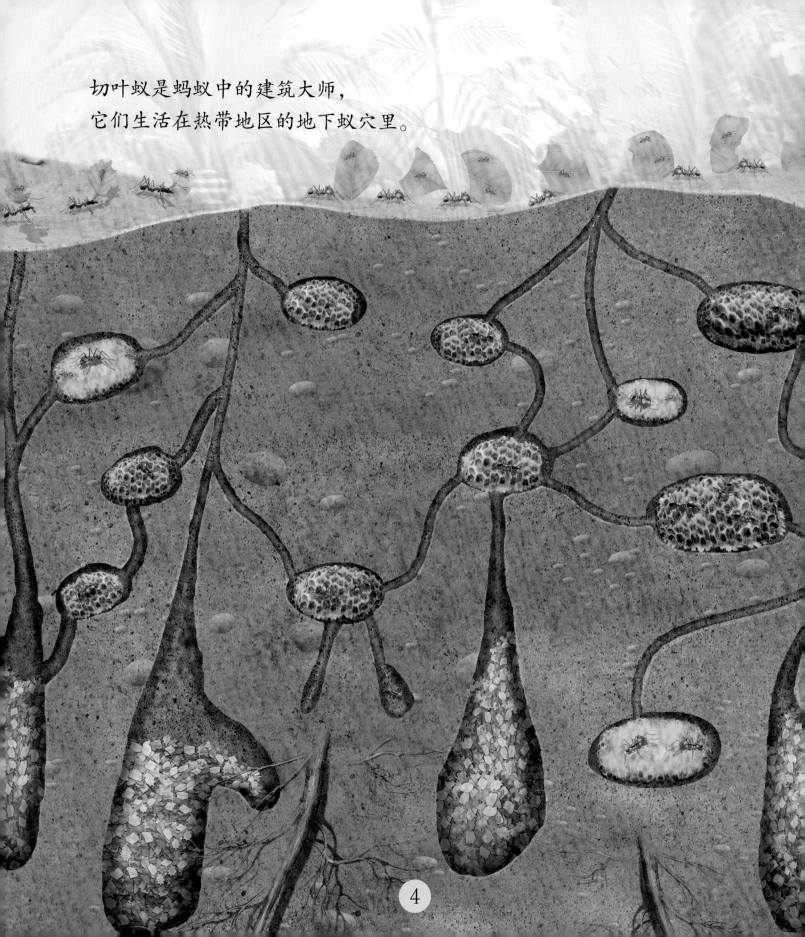

4

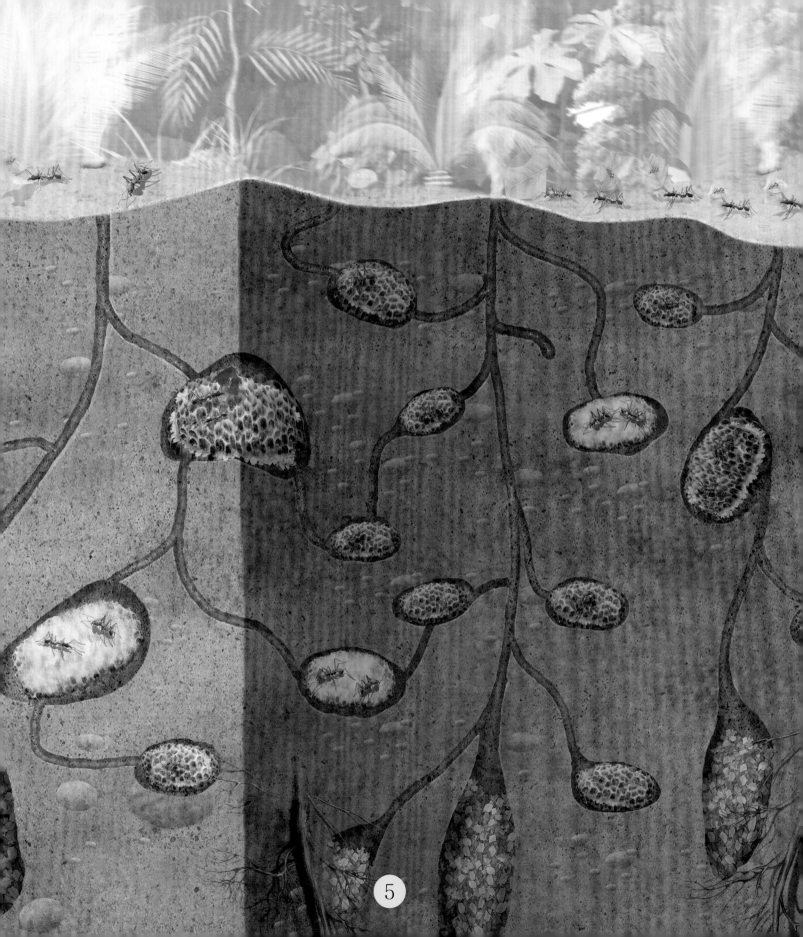

切叶蚁的蚁穴一开始并不大，
最初只有蚁后独自生活在这里。

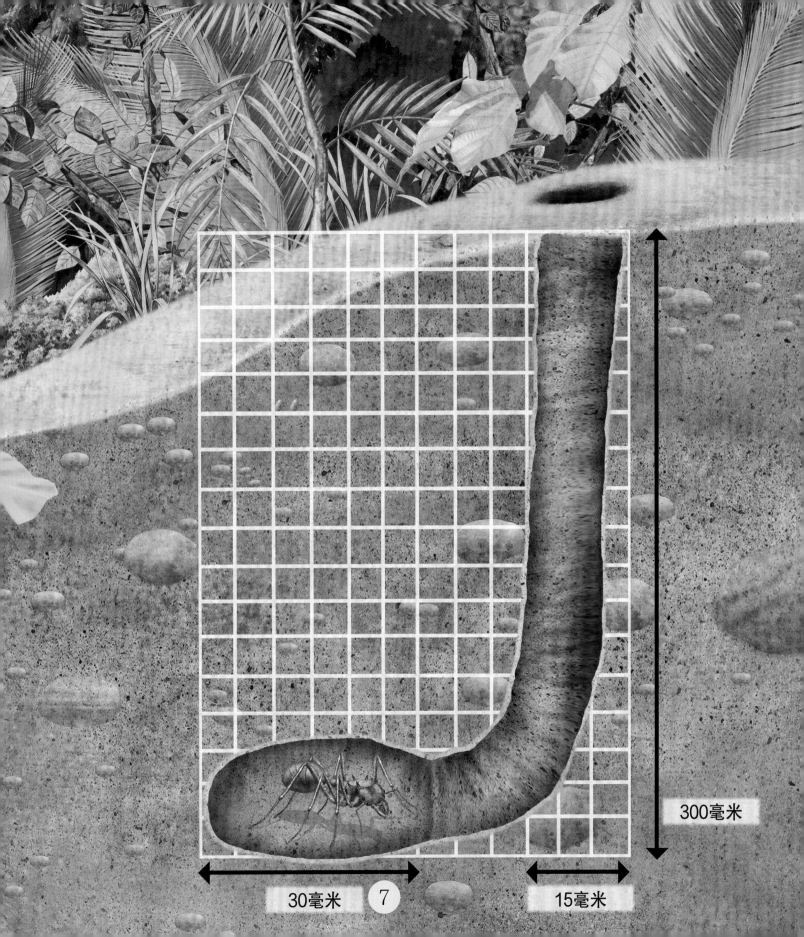

300毫米

30毫米 ⑦ 15毫米

工蚁出生之后，切叶蚁的蚁穴慢慢扩大。
工蚁是蚁群中的劳动者，它们的职责包括建造和修缮蚁穴。
工蚁修筑的蚁穴十分复杂，里面遍布大大小小的蚁室。

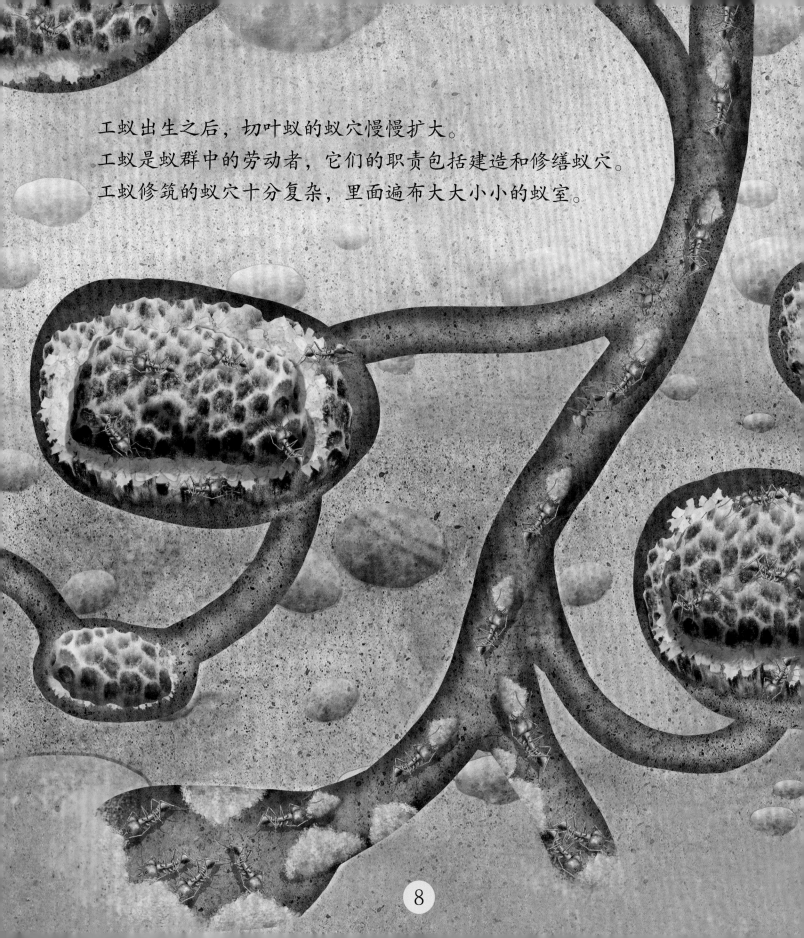

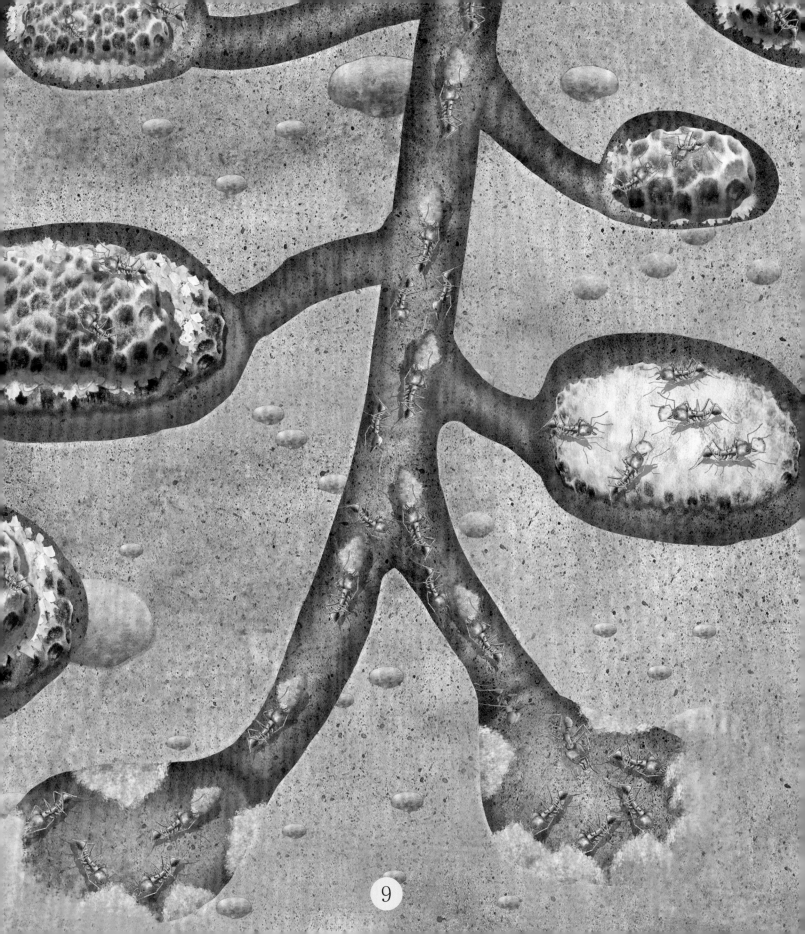

工蚁还负责打扫卫生，使蚁穴内部保持整洁。
它们不停地从外面搬来植物的叶子，
并将叶子塞到最底部的蚁室。

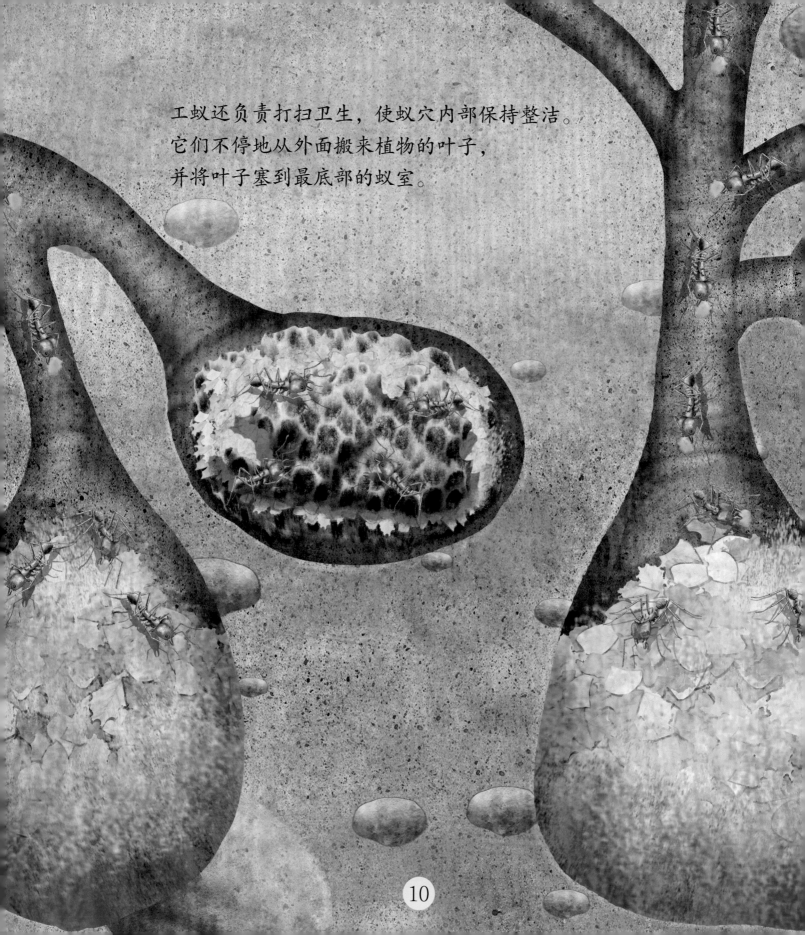

一段时间之后，叶片自然腐烂。
腐烂过程中产生热量，
使周围空气温度升高，
蚁穴内逐渐变得暖和起来。

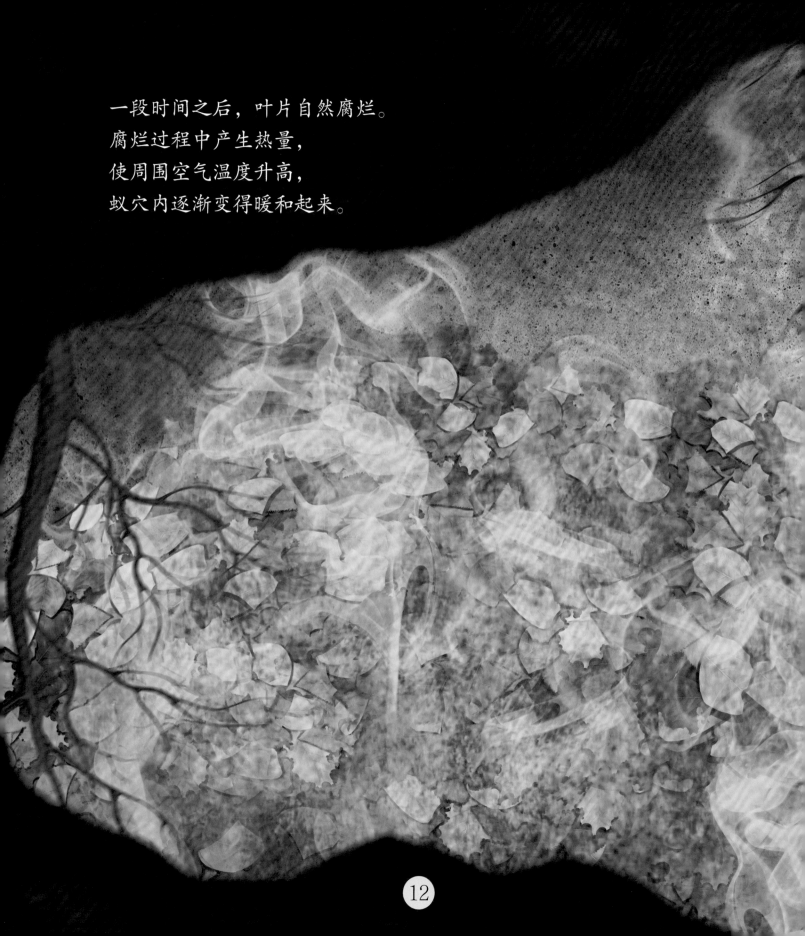

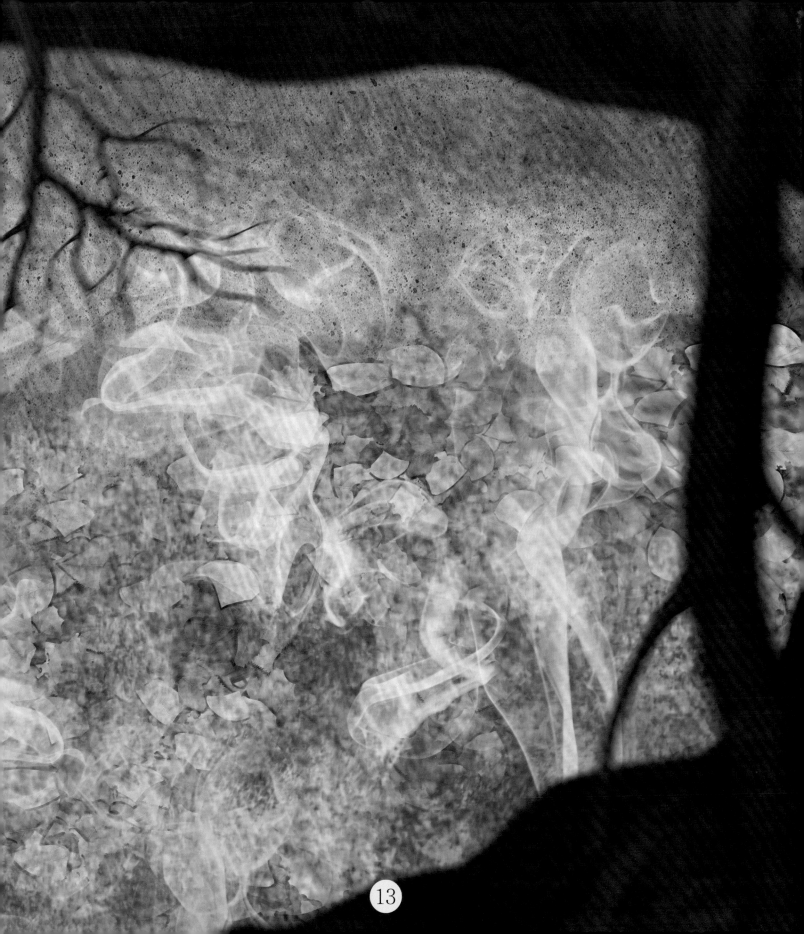

为了使蚁穴内部空气流通，
工蚁在蚁穴表面设置了气孔，
就像房子要做门和窗一样。
蚁穴表面的气孔很小，
只有针眼和绿豆那么大。

14

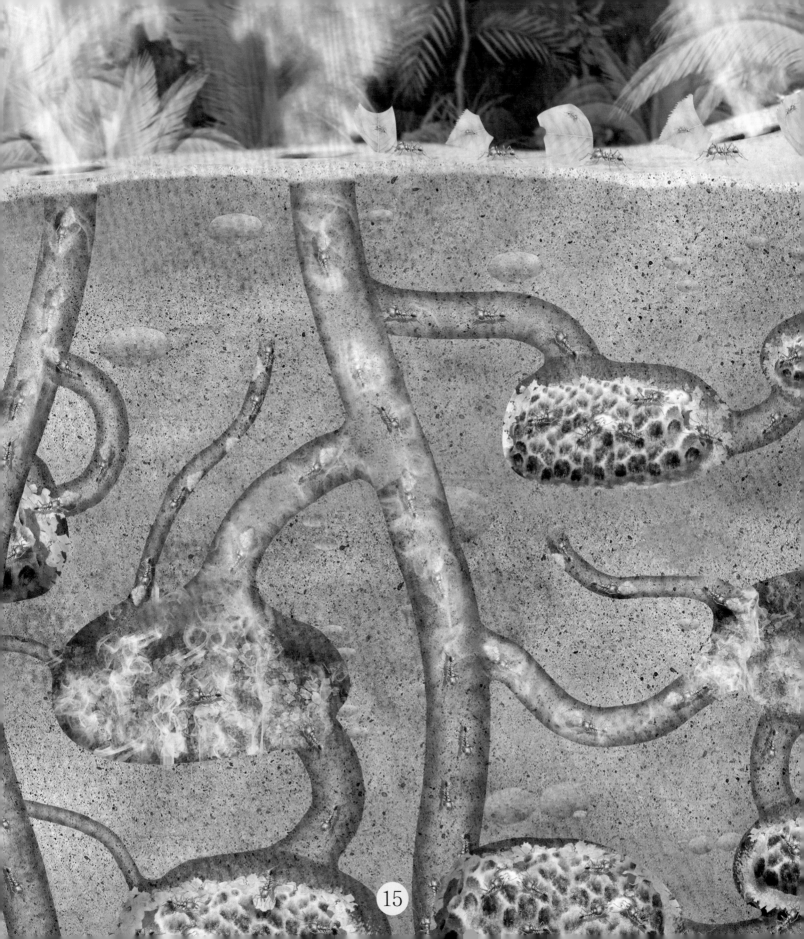

蚁穴中的热量沿着蚁道冲出气孔，
同时将外部的新鲜空气补充进来，
这种对流运动既调节了蚁穴内的温度，
也能使里面的空气保持清新。
切叶蚁的蚁穴和人类的房子一样，
非常实用，又有设计感！

16

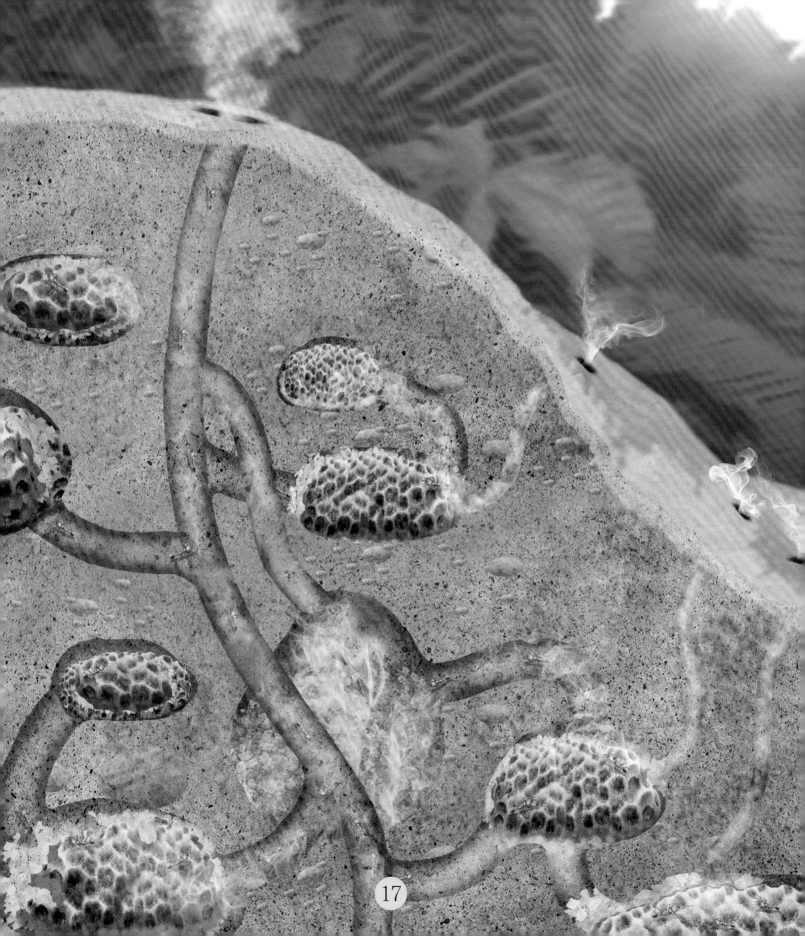

阿兹特克蚁生活在热带地区，
它们在树干上修筑巢穴。
有些热带植物像竹子一样，
里面是中空的，非常适合蚂蚁生活。

18

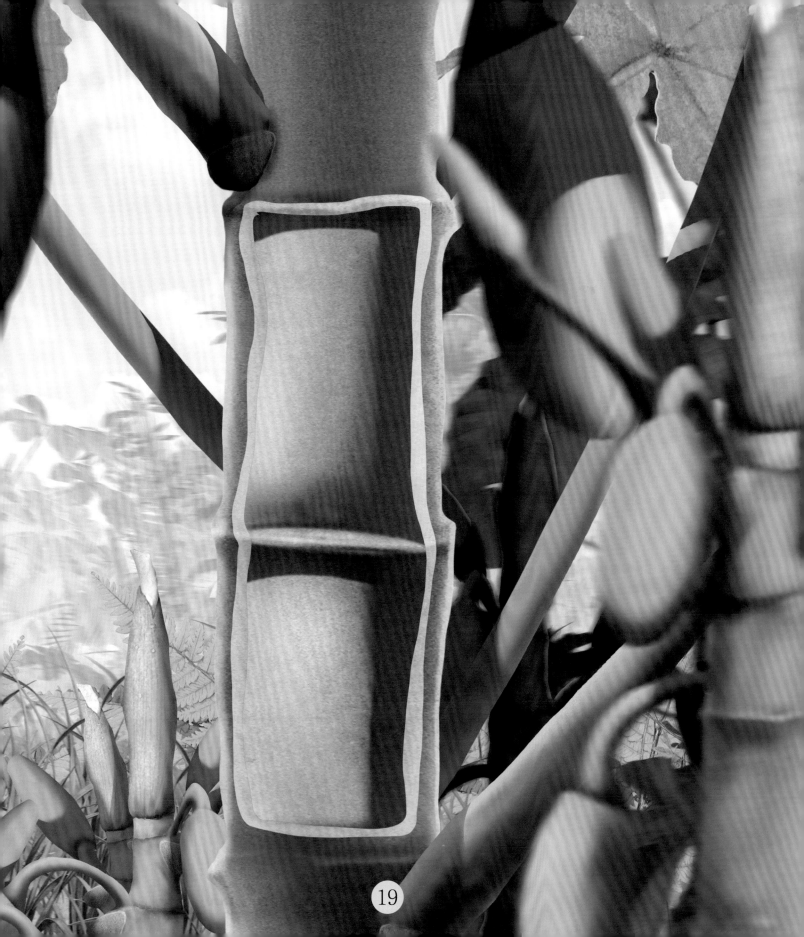

婚飞之后，蚁后在树干中产卵。
树干是一节一节的，
蚁后在每节都产下一些卵，
并守护新的阿兹特克蚁出生。

蚁后不停地产卵，专心打造自己的蚂蚁王国。
蚁群中通常只有一只蚁后，偶尔有两只或多只，
有些蚁后还和其他蚂蚁一起管理蚁群，
但这些情况十分罕见。

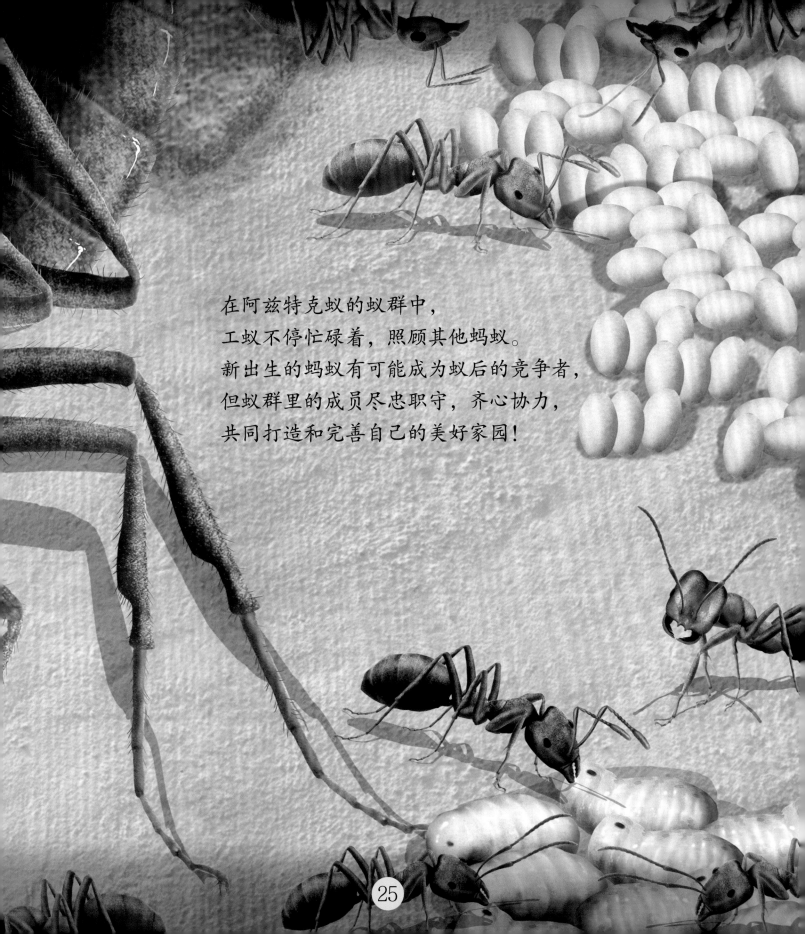

在阿兹特克蚁的蚁群中，
工蚁不停忙碌着，照顾其他蚂蚁。
新出生的蚂蚁有可能成为蚁后的竞争者，
但蚁群里的成员尽忠职守，齐心协力，
共同打造和完善自己的美好家园！

没错!
树干内部已经被阿兹特克蚁
和蚁后的卵占满了,
它们最终建立起属于自己的蚂蚁王国!

切叶蚁的蚁穴

切叶蚁的蚁群规模非常庞大，一个切叶蚁蚁群里通常生活着 500 万 ~ 800 万只切叶蚁。如果你在巴西丛林里挖开一个切叶蚁的蚁穴，可以发现里面遍布各种大小的蚁室。有的蚁室像拳头一样大，有的蚁室像足球一样大。在众多的蚁室里，约有一小半都生长着真菌。

切叶蚁采集叶子，并把叶子切碎研磨，做成堆肥培植真菌。

阿兹特克蚁与蚁栖树的共生关系

阿兹特克蚁生活在热带丛林中。大部分阿兹特克蚁在树干上修筑巢穴，有些阿兹特克蚁与蚁栖树存在直接的共生关系。

蚁栖树像竹子一样，里面是中空的，可以为阿兹特克蚁的生存和活动提供空间。蚁栖树可以分泌含糖的汁液，阿兹特克蚁以这种汁液为食；同时，阿兹特克蚁为蚁栖树提供保护，赶走啃食蚁栖树的小动物，并吃掉寄生在蚁栖树上的攀缘植物。

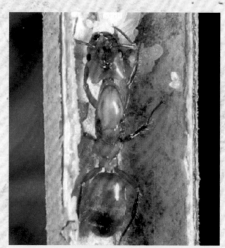

阿兹特克蚁的蚁后在蚁栖树上产卵，开始打造自己的蚂蚁王国。

织叶蚁的树叶蚁巢

　　除了切叶蚁和阿兹特克蚁外，其他蚂蚁也会建造各种各样的房子。织叶蚁是一种生活在树上的蚂蚁，它们像织布一样建造蚁巢。织叶蚁的幼虫吐出黏丝，小型工蚁用下颚叼着幼虫在植物的叶子间穿梭，让黏丝把叶子粘合在一起。最终，叶子被一片又一片地粘到一起，直到形成直径约50厘米的巢穴。

织叶蚁合力建造它们的树叶蚁巢。

通过阅读前面的故事，
你认识了哪些蚂蚁？

这些蚂蚁有什么特点？
它们有什么能力呢？

适 应

有的蚂蚁生活在炎热的地方，
有的蚂蚁生活在寒冷的地方。
蚂蚁虽然个子小小的，
但生存智慧却让人感到惊讶……
阅读这个故事，走进蚂蚁的世界，
了解蚂蚁如何适应截然不同的气候！

天气冷的时候，我们会开暖炉；
天气热的时候，我们会开电扇或空调。
人类就是这样适应周围环境的。

32

蚂蚁也能适应周围的环境，
它们能在艰苦的条件下生存，
撒哈拉银蚁就是其中的典型代表。

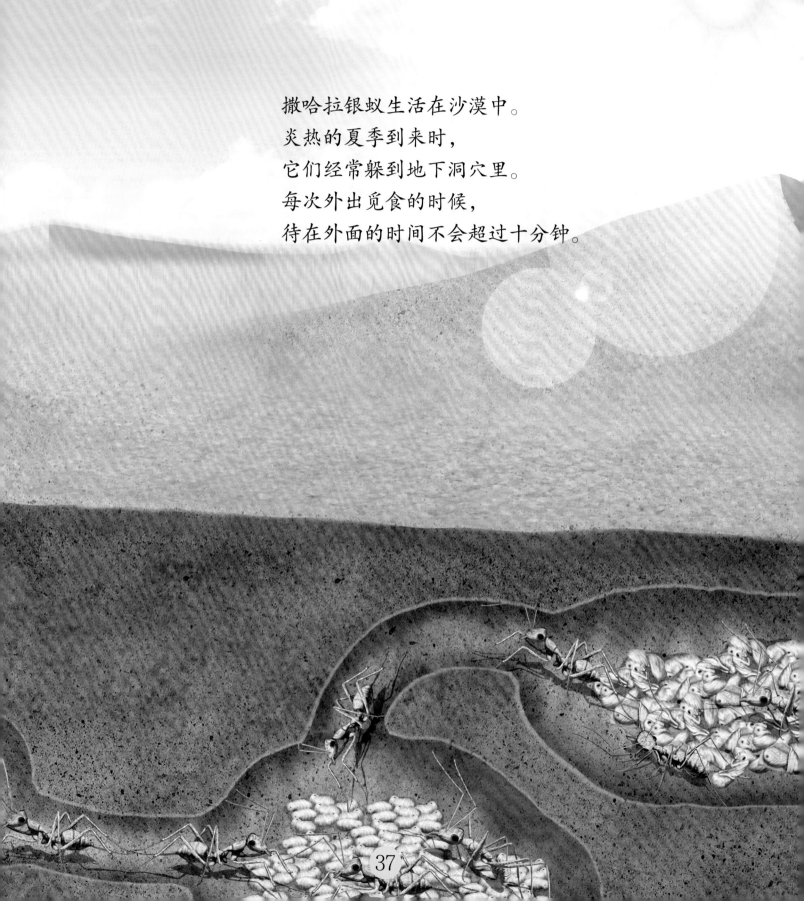

撒哈拉银蚁生活在沙漠中。
炎热的夏季到来时，
它们经常躲到地下洞穴里。
每次外出觅食的时候，
待在外面的时间不会超过十分钟。

对撒哈拉银蚁来说，
最可怕的不是炎热的气候，
而是它们的敌人——蜥蜴。
只有蜥蜴躲到阴凉处休息时，
撒哈拉银蚁才敢出来觅食。

沙漠中，阳光极度炽烈，
但撒哈拉银蚁身上有小小的茸毛，
可以反射阳光，减少热量的吸收。
茸毛让撒哈拉银蚁看起来银光闪闪，
所以它们才有了这个名字。

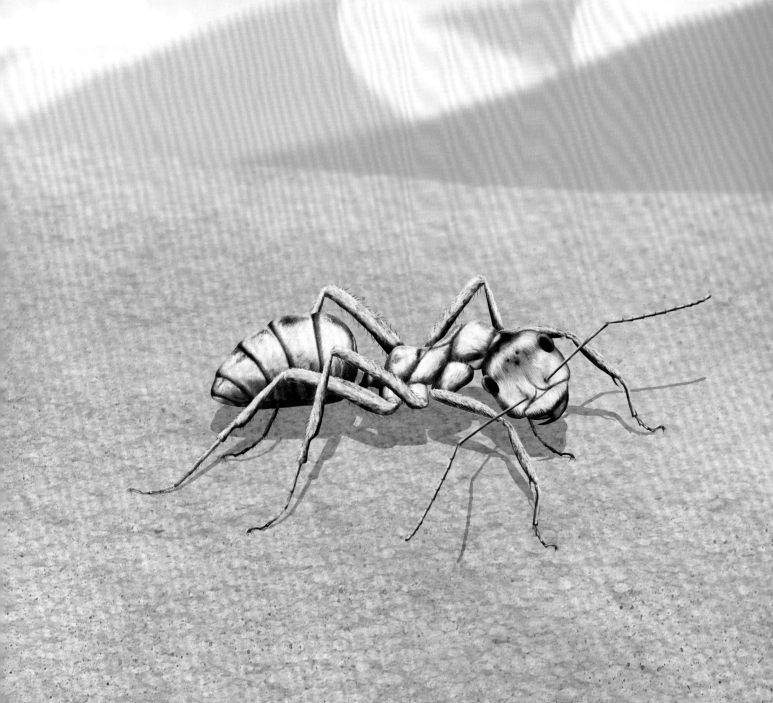

仔细观察撒哈拉银蚁的茸毛，
你会发现，茸毛是三角形的，
就像消防员身上穿的隔热服，
可以隔绝一部分阳光的热量。
这让它们的身体变得更加凉爽。

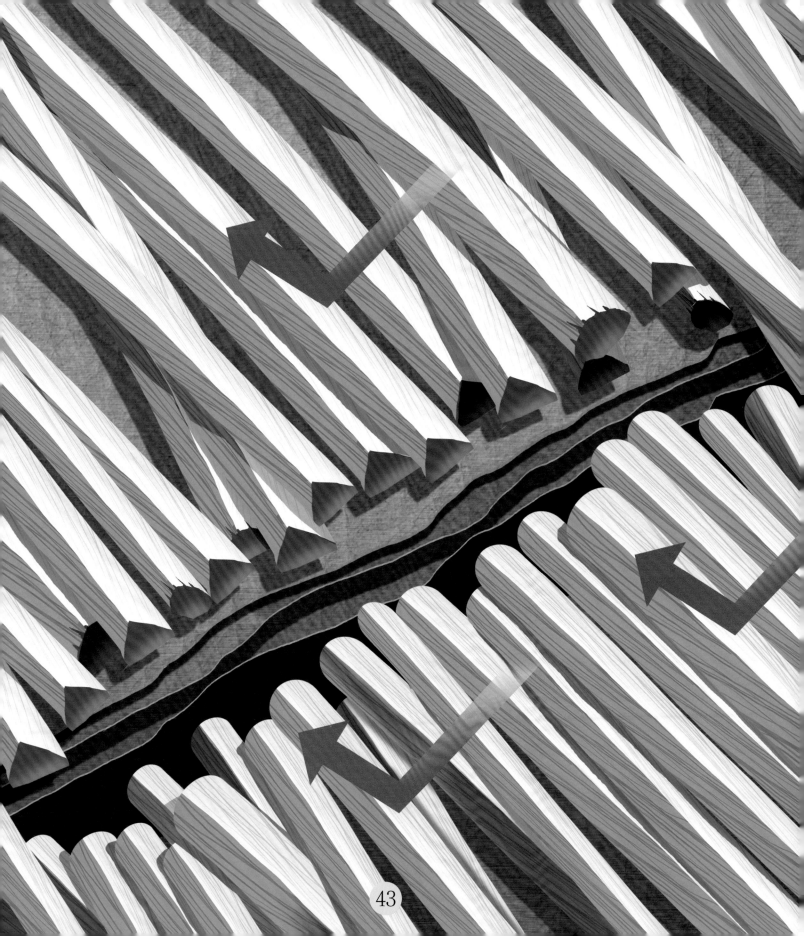

撒哈拉银蚁的足部较长，
身体距离地面较远，前进的速度比较快，
所以减少了与地面热量的接触，
这让它们更加适应酷热的环境。

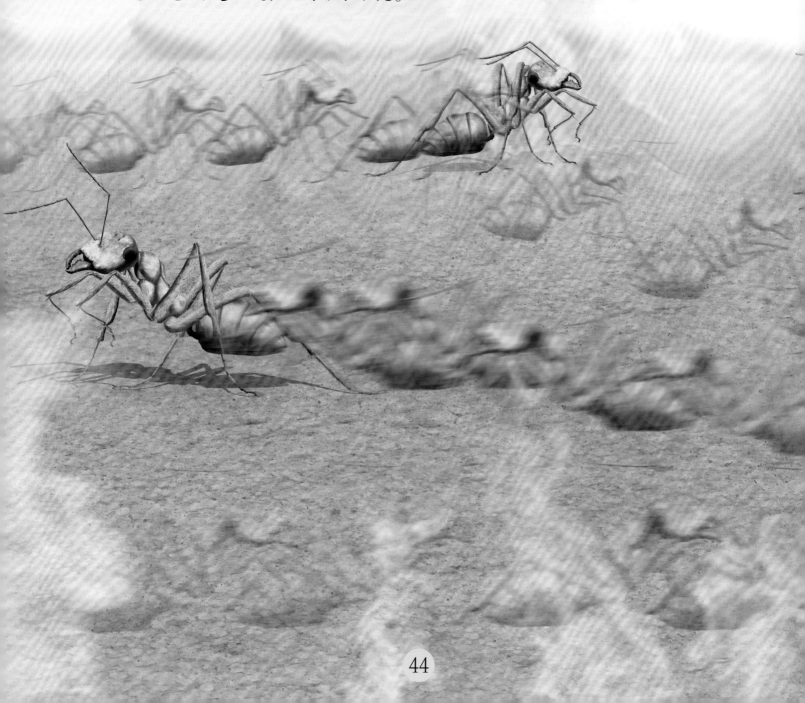

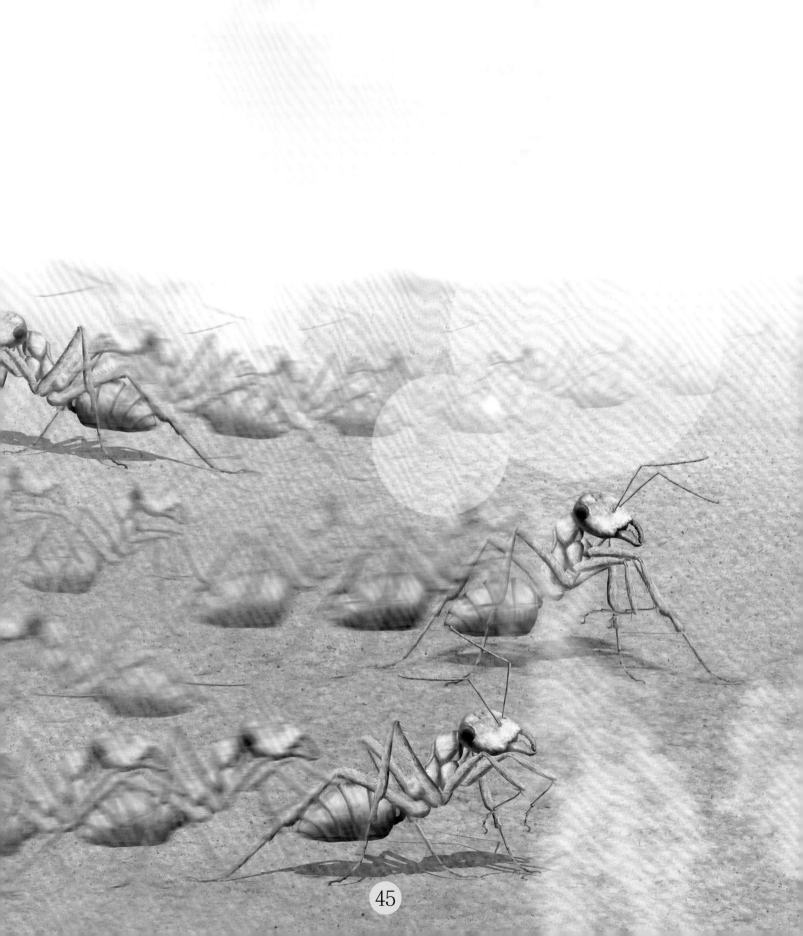

有些动物在酷热的沙漠中死亡，
撒哈拉银蚁就以这些动物的尸体为食。

与撒哈拉银蚁不同，
乌拉尔蚁生活在寒冷的北欧地区，
它们用树枝和针叶建起高高的巢穴，
以便隔绝外界的寒冷气息。

乌拉尔蚁的巢穴像一个大土丘，
顶部通常非常坚硬，
内部的热量不容易散发出去。

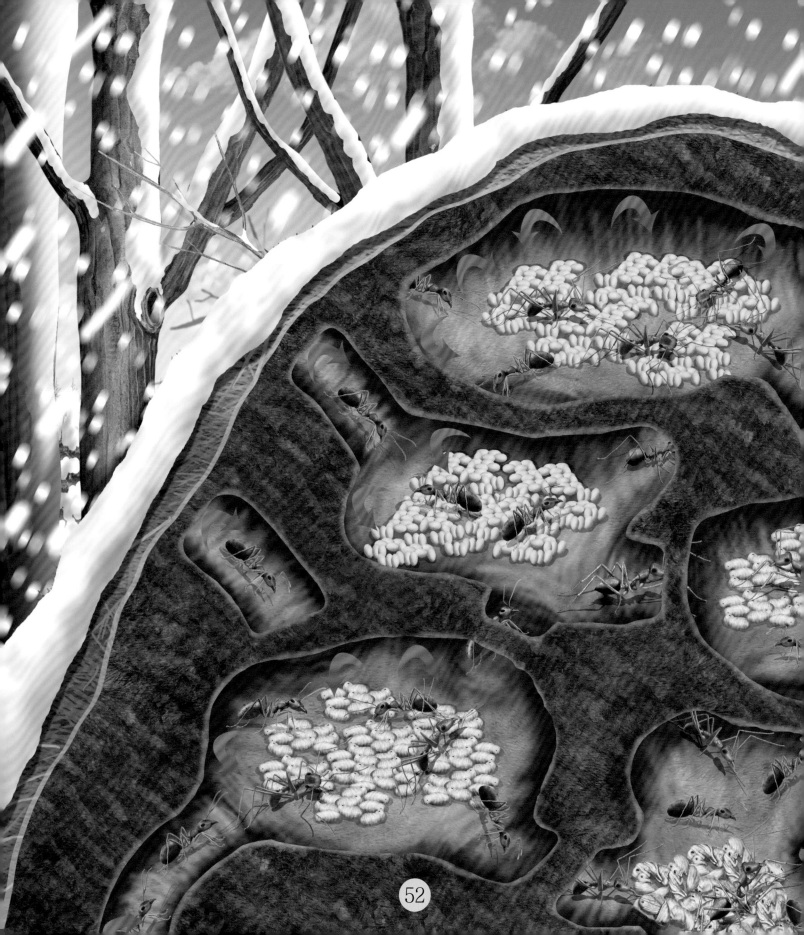

在大雪纷飞的日子里，
乌拉尔蚁在巢穴中忙来忙去。
热量在巢穴内不断循环，
它们一点儿也不觉得寒冷。

53

等到天气变暖和的时候，
乌拉尔蚁从巢穴里爬出来。
它们先修补好巢穴，
然后安心地外出寻找食物。

蚂蚁能适应各种各样的生存环境，
它们是充满智慧的小生物！

了解更多关于蚂蚁的知识!

撒哈拉银蚁是怎样降低体温的?

　　撒哈拉银蚁体表的茸毛可以反射阳光,分散热量。因为茸毛是三角形的,不是平滑的,所以还可以减少热量的吸收。

蚂蚁是怎样冬眠的?

　　冬天到来时,蚂蚁待在地下蚁穴里,再也不出来。如果地表温度低于0摄氏度,蚂蚁就深入地下1米左右。它们堵住蚁穴的小孔,让冷气无法进入。天气寒冷的时候,蚁后不再产卵,幼虫也停止生长,蚂蚁们进入冬眠状态,直到来年春天才会苏醒。

撒哈拉银蚁

冬眠的蚂蚁

热带蚂蚁会修建巢穴吗？

　　热带地区高温多雨，气候湿润。生活在那里的蚂蚁，通常不在地下挖掘蚁穴，也不在地面修筑蚁巢。周围空气温度恰好适合它们生存，所以它们多生活在树上，喜欢在树干处或腐烂的树桩上搭建蚁巢。

树枝上的蚂蚁窝

通过阅读前面的故事，
你认识了哪些蚂蚁？

这些蚂蚁有什么特点？
它们有什么能力呢？

沟 通

我们用语言进行交谈，
蚂蚁用信息素相互沟通。
信息素是什么？
信息素怎么产生，又有哪些作用呢？
阅读这个故事，走进蚂蚁的世界，
了解蚂蚁之间如何传递信息吧！

人类用语言进行沟通，
蚂蚁也有自己的"语言"。

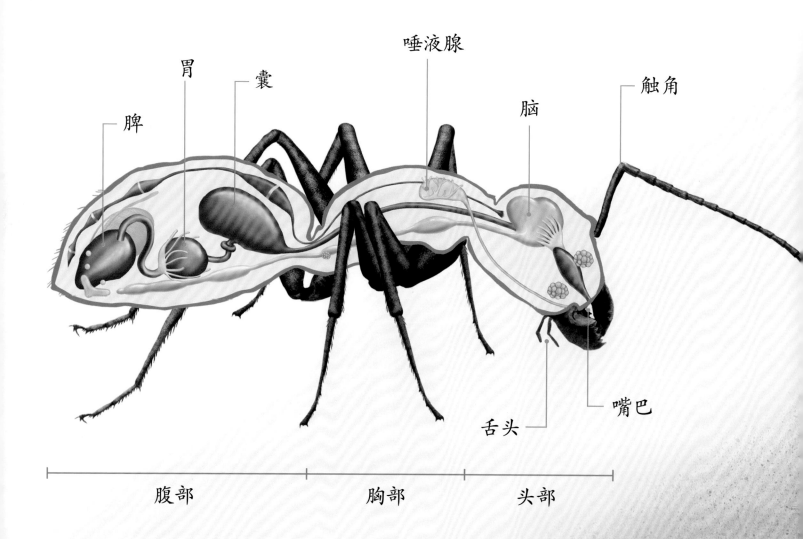

唾液腺

胃 囊 触角

脾 脑

舌头 嘴巴

腹部　　　　　胸部　　　头部

64

蚂蚁的身体分泌信息素，
信息素散发出气味，
可以传递各种各样的信息。
所以，信息素就是蚂蚁的语言。

蚂蚁有时从肛门中分泌出信息素。

有时，蚂蚁找到巨大的食物，
比自己的身体还要大得多。
它用嘴巴叼起其中一部分，
然后往蚁穴的方向走去。

在途中，蚂蚁沿路分泌信息素。
信息素持续散发出气味，
在整条线路上留下标记。

叼着食物的蚂蚁终于遇到了同伴。
它非常热情，也非常慷慨，
将自己的食物递给同伴闻一闻。

同伴记住了食物的味道，
并竖起触角嗅出空中的气味，
它跟着信息素的指引，
来到食物所在的地方。

食物还有很多，
但信息素的气息变弱了。
因为这种气味会挥发，
随着时间的流逝，
气味变得越来越淡。

同伴也叼着食物返回蚁穴。
它也沿路分泌一样的信息素，
信息素的气味再次变得浓烈，
指引更多蚂蚁来到这里搬运食物。

每只蚂蚁搬走一点食物，
每只蚂蚁都分泌信息素，
为后来的同伴提供引导，
让更多蚂蚁找到食物。

现在，食物已经搬完了。
最后一只蚂蚁不再分泌信息素，
后面的蚂蚁就不用跟着跑来了。

79

阿兹特克蚁也会分泌信息素，
它们用信息素传递危险警报。

一只阿兹特克蚁发现了危险，
它及时分泌出信息素。
其他成员闻到警报气息后，
迅速集结在一起，准备作战。

阿兹特克蚁团结作战，
最终击退了强大的敌人。

为了找到食物，
为了守护蚁群和家园，
蚂蚁们时刻保持沟通！

87

了解更多
关于蚂蚁的
知识！

蚂蚁只用信息素进行沟通吗？

蚂蚁不仅通过信息素进行沟通，还通过触觉和听觉进行沟通。实际上，蚁群里会发出各种各样的声音，但人的耳朵识别不出这些声音。总的来说，蚂蚁主要依靠信息素进行沟通，也就是通过嗅觉进行沟通。

蚂蚁只在寻找食物和发现危险的时候进行沟通吗？

不一定。有些蚂蚁在修筑巢穴时会进行沟通。织叶蚁修筑蚁巢的时候，要动用蚁群中的很多成员，有的工蚁把叶子拉到一边，有的工蚁叼着幼虫吐出黏丝，有的工蚁把叶子粘合到一起。

蚂蚁在以下情况下会进行沟通：
①遭遇险情。
②关心同伴。
③发现新食物时召集同伴。
④帮助卵和蛹孵化。
⑤交换液体食物。
⑥交换固体食物。
⑦向全体蚂蚁传递信息。

⑧接收同伴受伤和死亡的信息。

⑨繁殖期间发生竞争。

⑩确认领土范围。

⑪识别同类物种，判断性别。

信息素是什么？

　　信息素是由多种成分混杂的物质，包括蚂蚁自身的气味和群体的气味。蚂蚁的身体中有许多外分泌腺，可以分泌各种各样的信息素。气味信息素主要由蚂蚁腹部末端的外分泌腺分泌。蚂蚁的信息素是多种物质的集合体，就像文字和数字的组合一样，可以传递各种各样的信息。

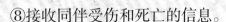

为了修筑巢穴，织叶蚁分泌信息素，向全体伙伴传递信息。

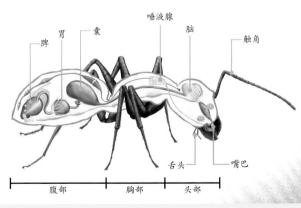

脾　　胃　　囊　　　　　唾液腺　　　脑　　　　触角

舌头　　　　嘴巴

腹部　　　　　胸部　　　　　头部

蚂蚁的身体可以分泌信息素。

通过阅读前面的故事，
你认识了哪些蚂蚁？

这些蚂蚁有什么特点？
它们有什么能力呢？

勤劳、恒心、耐心

[韩] 崔在天◎著　　[韩] 朴尚贤◎绘　艾柯◎译

北京日报出版社

图书在版编目（CIP）数据

小蚂蚁本领大.勤劳、恒心、耐心/（韩）崔在天著；
（韩）朴尚贤绘；艾柯译.——北京：北京日报出版社，
2022.1
ISBN 978-7-5477-4150-4

Ⅰ.①小… Ⅱ.①崔…②朴…③艾… Ⅲ.①蚁科－
儿童读物 Ⅳ.① Q969.554.2-49

中国版本图书馆 CIP 数据核字 (2021) 第 241381 号

北京版权保护中心外国图书合同登记号：01-2021-6877

< 최재천 교수의 어린이 개미 이야기 : 개미에게 배우는 부지런함 >
< 최재천 교수의 어린이 개미 이야기 : 개미에게 배우는 끈기 >
< 최재천 교수의 어린이 개미 이야기 : 개미에게 배우는 참을성 >
Text and Illustration Copyright © 2017 by Choe Jaecheon
Text and Illustration Copyright © 2017 by Park Sanghyeon
All rights reserved.
The simplified Chinese translation is published by Beijing Baby Cube Children Brand
Management Co., Ltd in 2022, by arrangement with Rejem Publishing Co. through Rightol
Media in Chengdu.
本书中文简体版权经由锐拓传媒旗下小锐取得 (copyright@rightol.com)。

小蚂蚁本领大

勤劳、恒心、耐心

出版发行：北京日报出版社
地　　址：北京市东城区东单三条8-16号东方广场东配楼四层
邮　　编：100005
电　　话：发行部：（010）65255876
　　　　　总编室：（010）65252135
责任编辑：许庆元
助理编辑：秦姣
印　　刷：河北彩和坊印刷有限公司
经　　销：各地新华书店
版　　次：2022 年 1 月第 1 版
　　　　　2022 年 1 月第 1 次印刷
开　　本：787 毫米×1092 毫米　1/12
总 印 张：40
总 字 数：100 千字
定　　价：278.00 元（全 5 册）

勤 劳

蚂蚁集群生活，
每只蚂蚁都有自己的角色和任务。
它们兢兢业业，勤勤恳恳，
是一种勤劳的小动物……
阅读这个故事，走进蚂蚁的世界，
了解蚂蚁如何为群体贡献自己的力量！

人们要从事各种各样的工作。
生活在蚁群中的蚂蚁也一样，
它们要承担各自不同的职责。

3

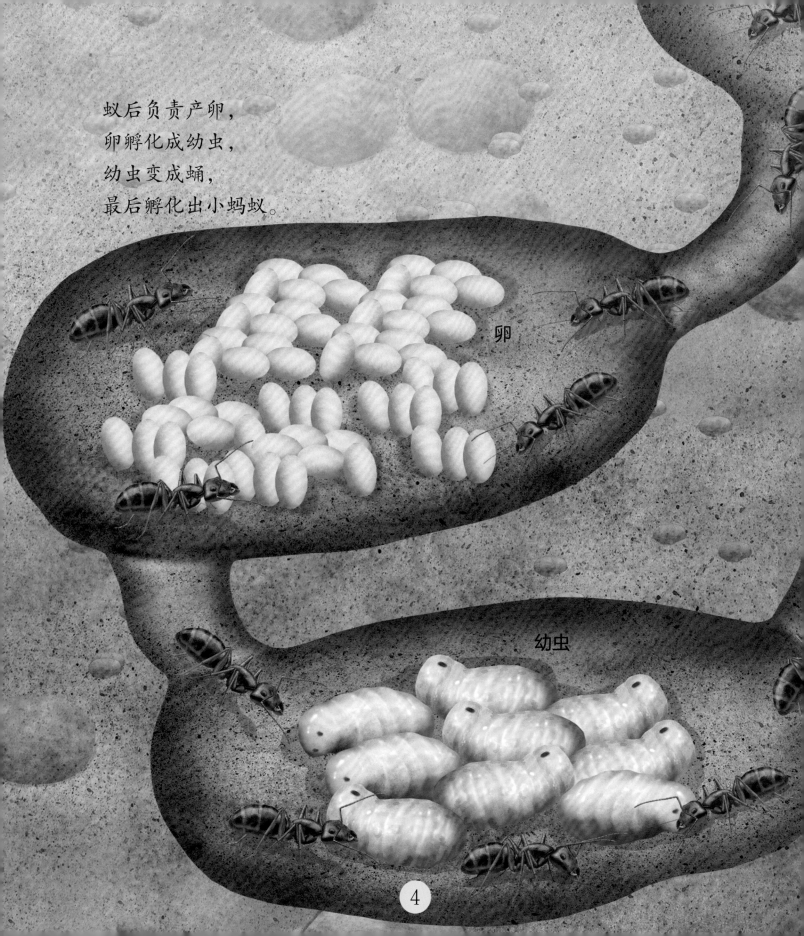

蚁后负责产卵，
卵孵化成幼虫，
幼虫变成蛹，
最后孵化出小蚂蚁。

卵

幼虫

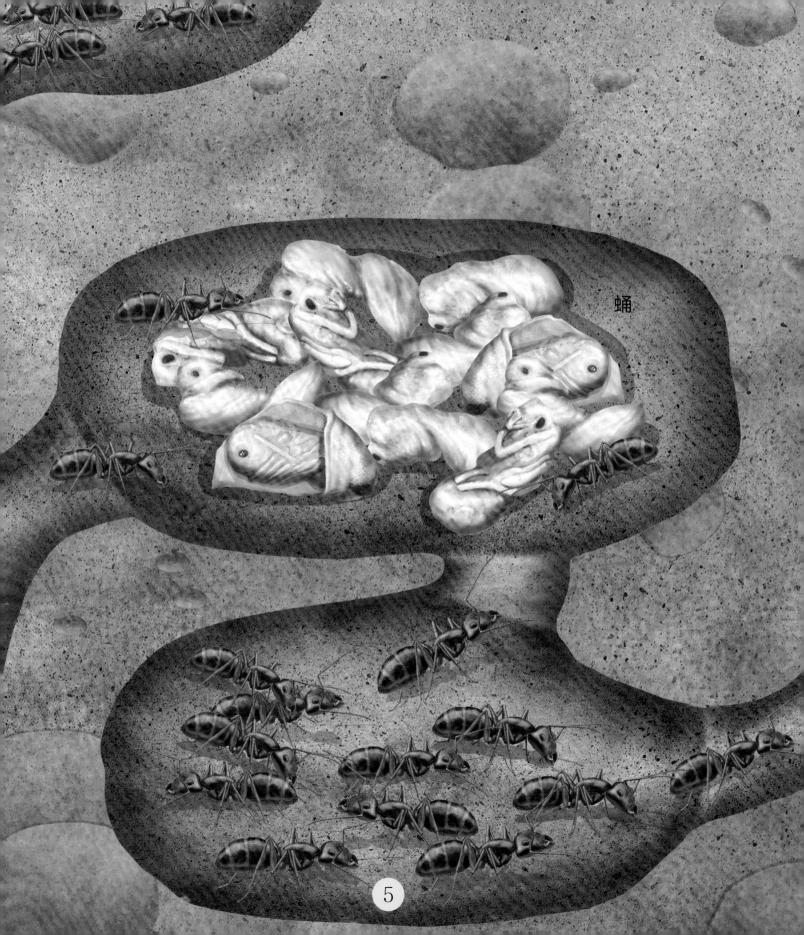

蛹

雄蚁

蚁后是产卵机器，由雌蚁发育而来。
雌蚁体型较大，长有翅膀，
雄蚁体型较小，也有翅膀，
雌蚁和雄蚁通过婚飞完成交配。
工蚁是蚁群中数量最多的成员，
它们体型最小，而且没有翅膀。

雌蚁

工蚁

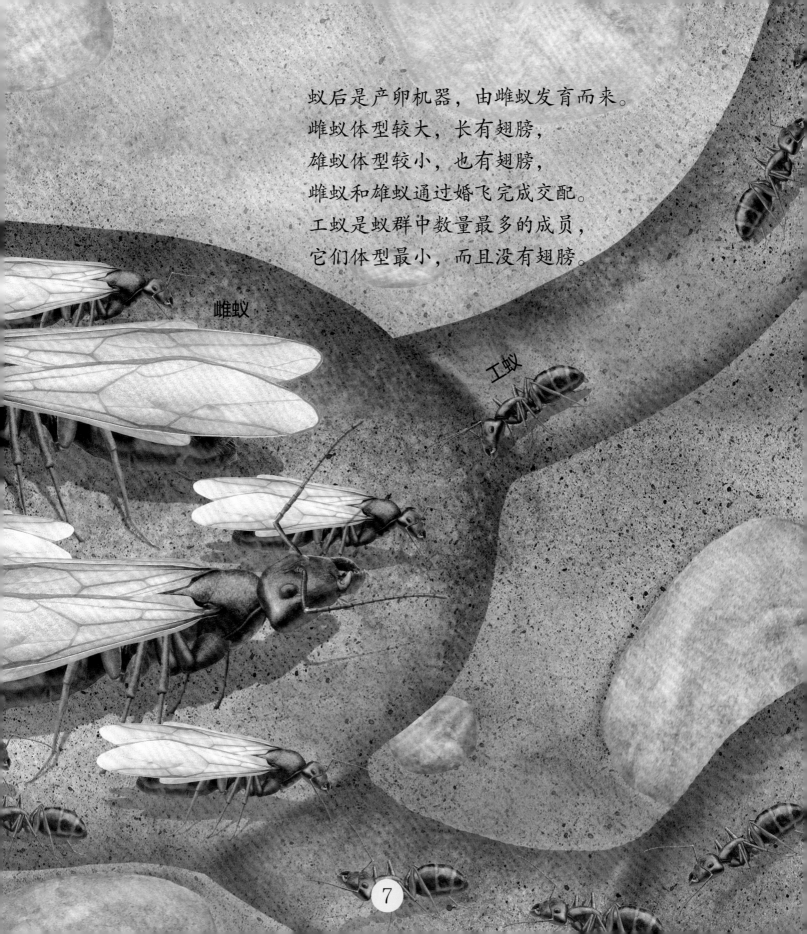

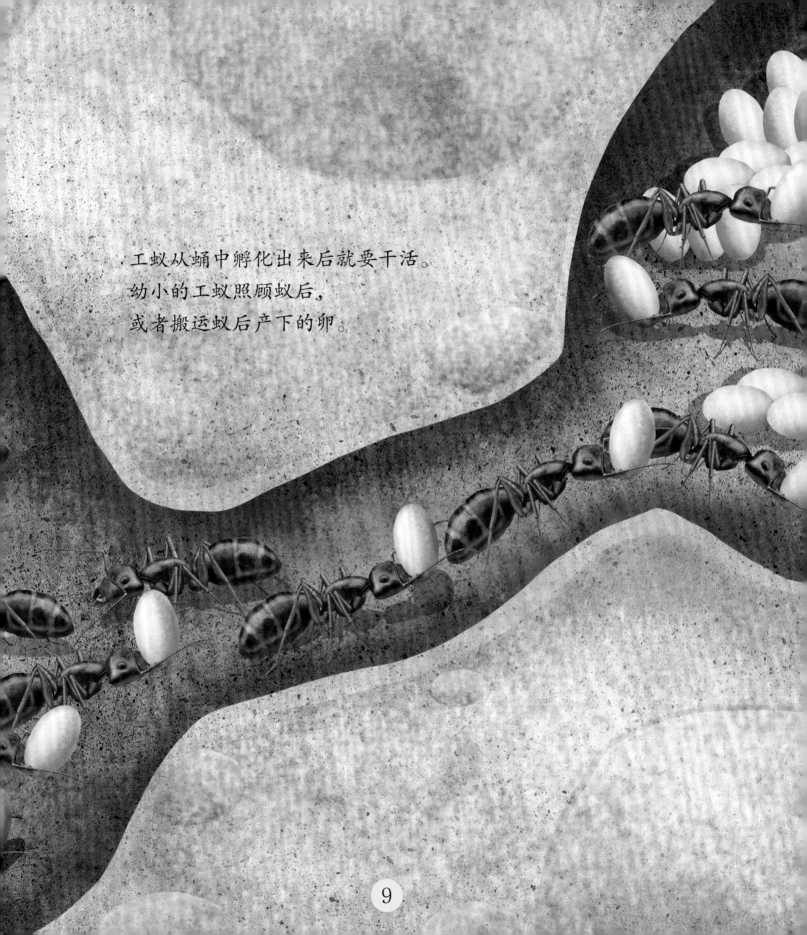

工蚁从蛹中孵化出来后就要干活。
幼小的工蚁照顾蚁后，
或者搬运蚁后产下的卵。

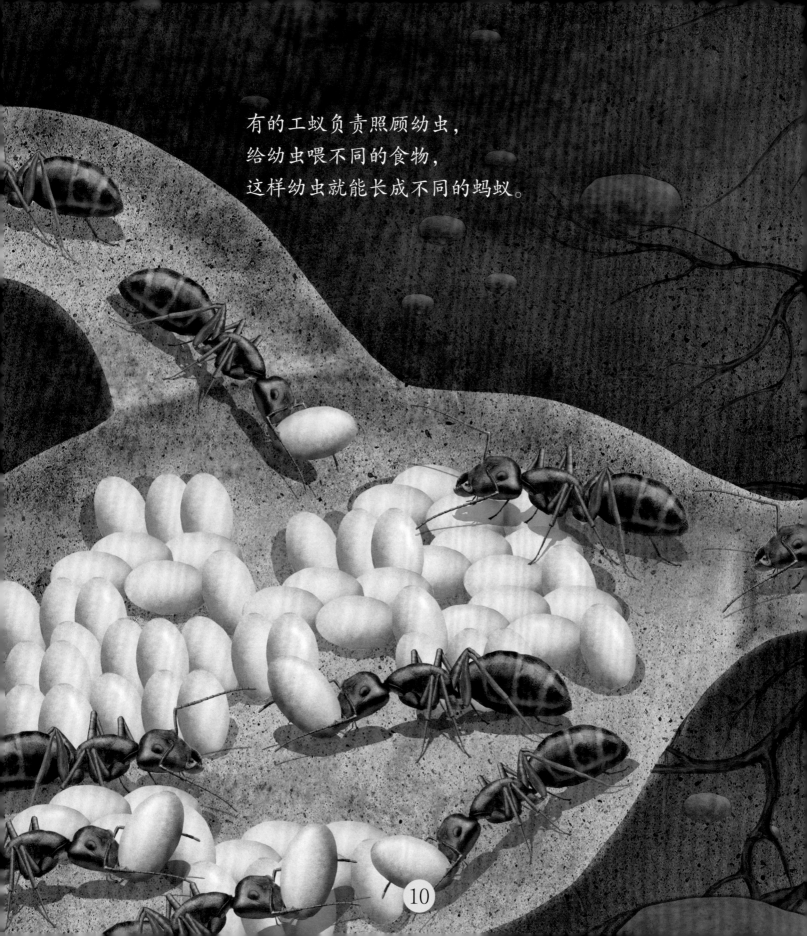

有的工蚁负责照顾幼虫，
给幼虫喂不同的食物，
这样幼虫就能长成不同的蚂蚁。

10

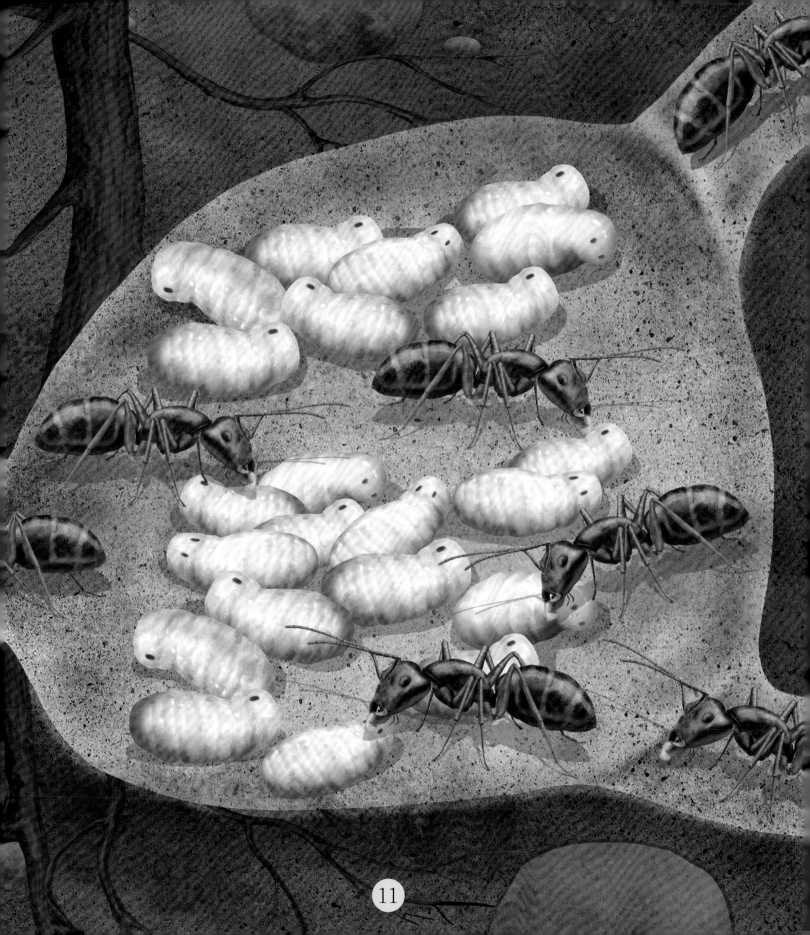

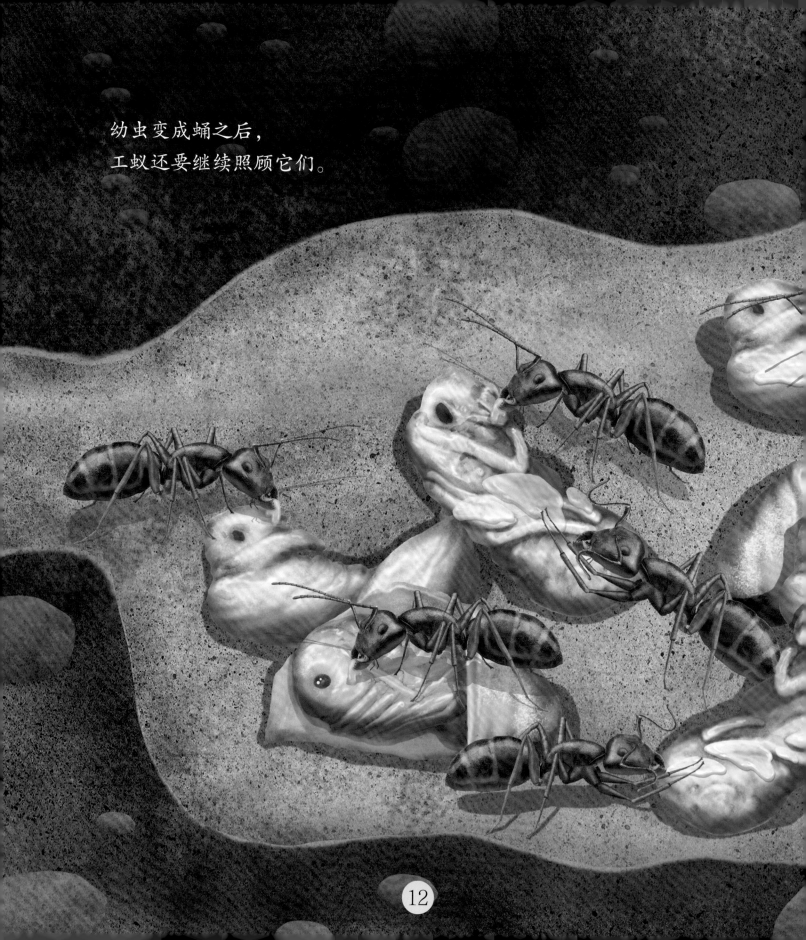

幼虫变成蛹之后，
工蚁还要继续照顾它们。

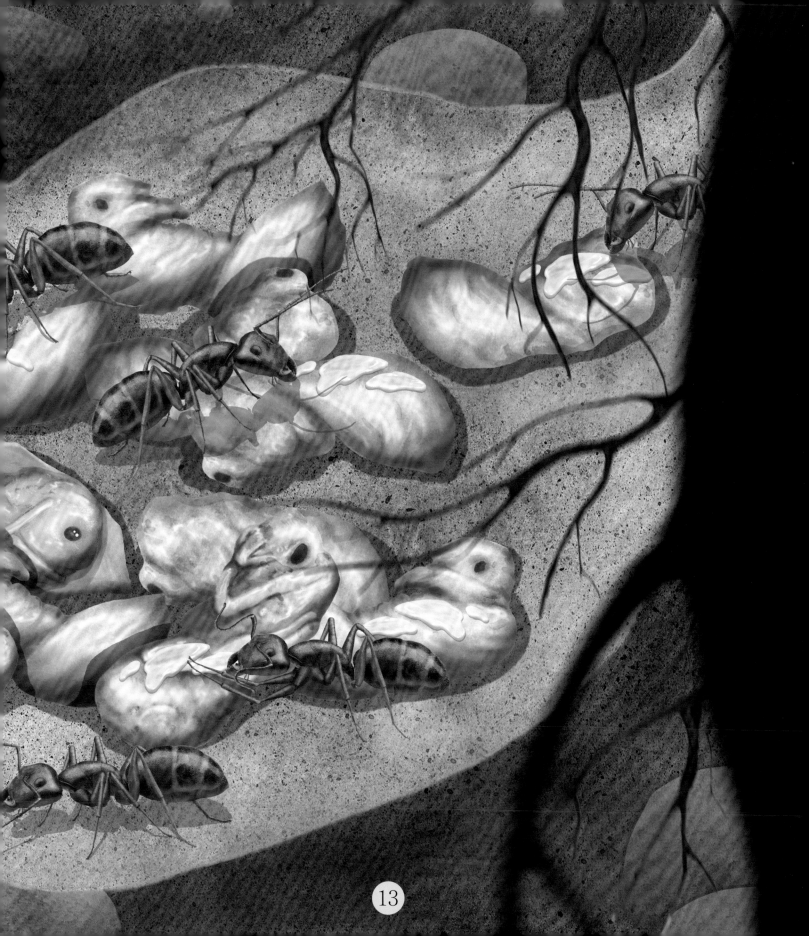

小蚂蚁快要从蛹中孵化出来了，
工蚁得提前为它们做好准备。

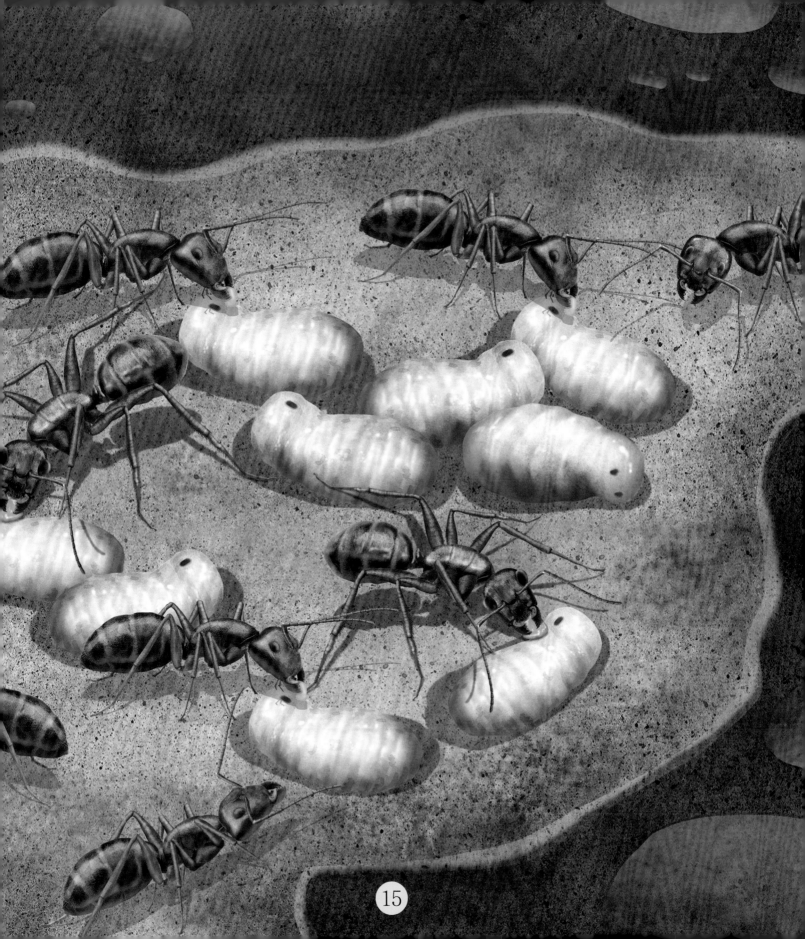

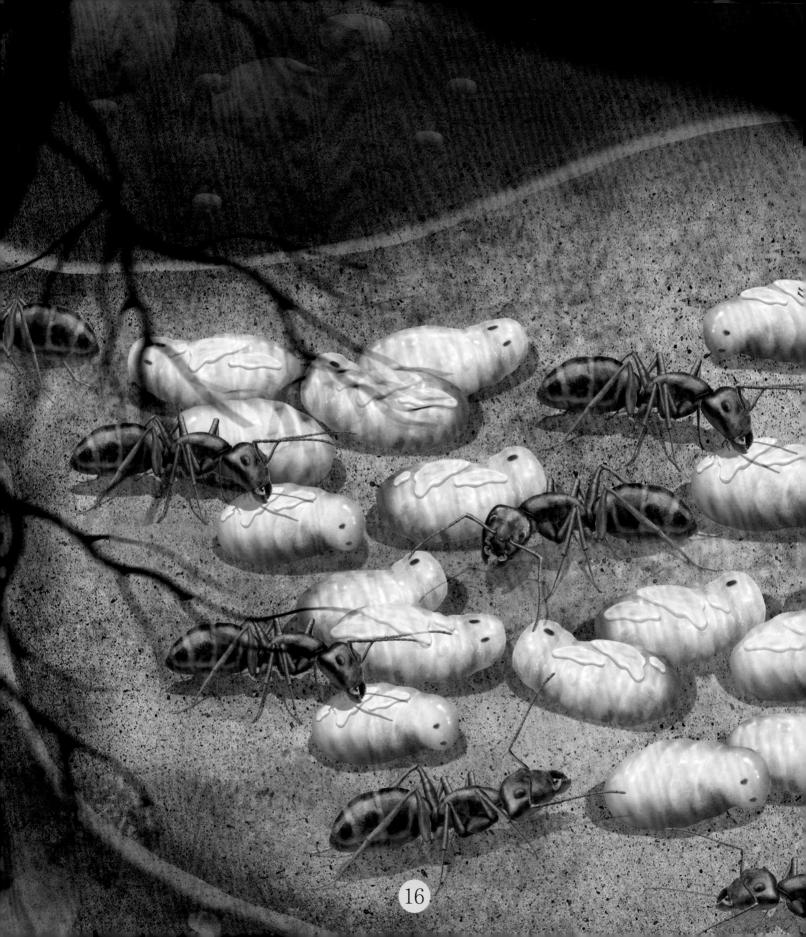

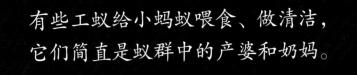

有些工蚁给小蚂蚁喂食、做清洁，
它们简直是蚁群中的产婆和奶妈。

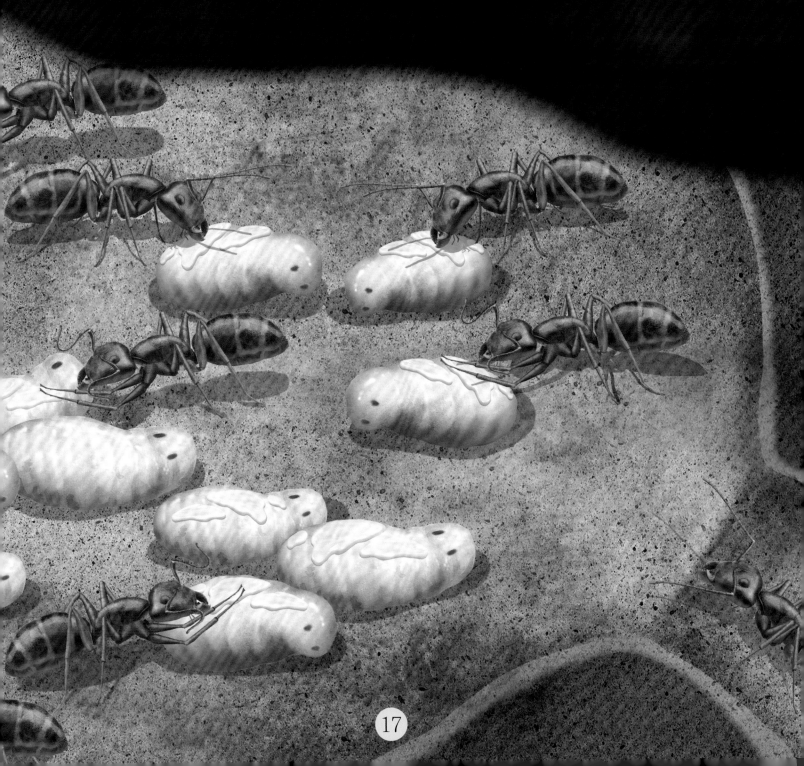

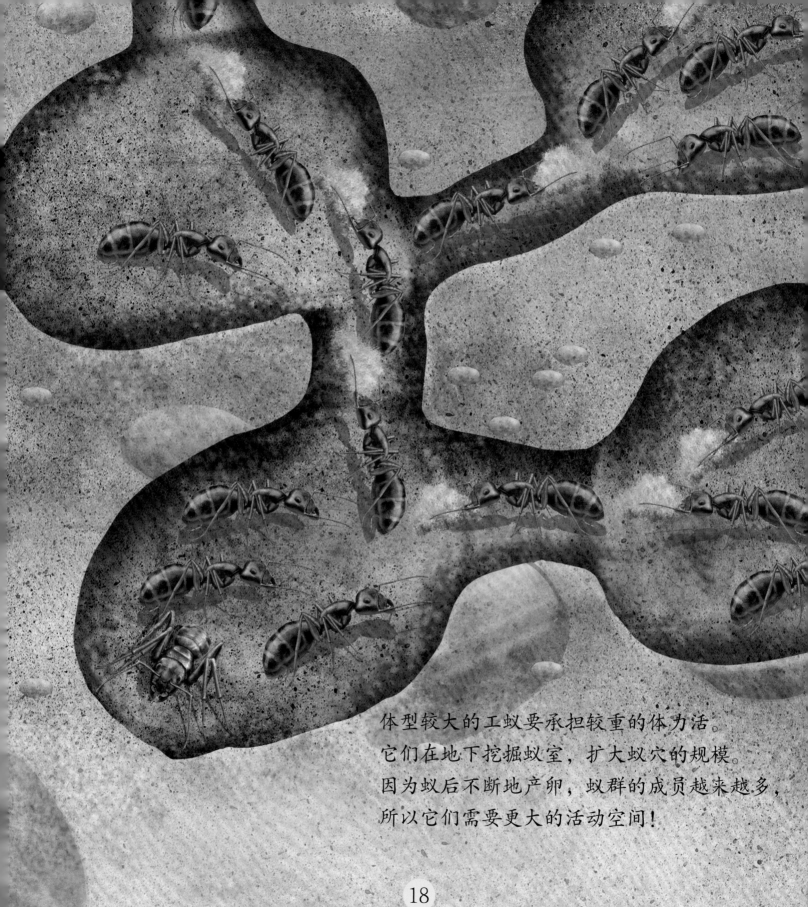

体型较大的工蚁要承担较重的体力活。
它们在地下挖掘蚁室，扩大蚁穴的规模。
因为蚁后不断地产卵，蚁群的成员越来越多，
所以它们需要更大的活动空间！

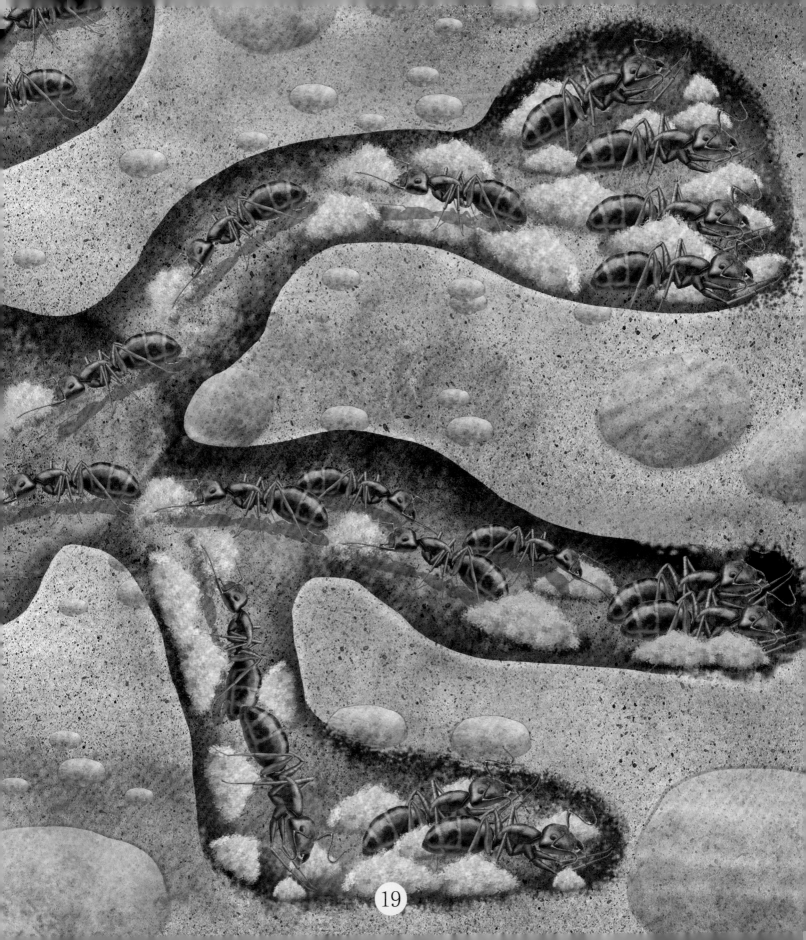

成年的工蚁离开蚁穴，
去寻找各种各样的食物，
想办法填饱大家的肚子。

21

为了找到足够的食物，
工蚁们齐心协力，共同合作。
有时，成年工蚁集体狩猎，
并把巨大的猎物拖回蚁穴中。

23

如果蚁群遭遇危险或者发生内斗，
兵蚁就会站出来保护大家。

蚁群中的蚂蚁都有自己的工作，
它们分工明确，尽职尽责，
它们都是勤劳的小动物！

了解更多
关于蚂蚁的
知识！

什么是完全变态发育?

　　所有昆虫都会经历变态发育过程。变态发育是指动物在成长过程中经历的形态结构和生活习性等方面的一系列变化。完全变态发育是变态发育的形式之一，是指昆虫在发育过程中要经历卵、幼虫、蛹和成虫四个阶段，而且成虫和幼虫在外貌上差别很大。除了蚂蚁外，蝴蝶、蜜蜂和苍蝇都是要经历完全变态发育的昆虫。

蚁群里的蚂蚁为什么要分工合作呢?

　　为了提高效率！蚁后产卵时，有的工蚁照顾卵和幼虫，有的工蚁采集食物，有的工蚁守卫蚁穴，保证大家的安全。如果蚁后既要产卵，又要照顾幼虫，还要为大家准备食物，它就忙不过来啦！有了工蚁的帮助，蚁后可以专心产卵，增加蚁群的成员，并迅速扩大蚁群的规模。蚂蚁的分工合作是生物进化的结果，它们各自承担特定的职责，为蚁群的发展贡献力量。

蚂蚁总在不停地忙碌吗？

大多数蚂蚁集群生活在巨大的蚁穴里。为了让蚁后专心产卵，工蚁们分担了各种各样的工作。随着体型的变化，工蚁要承担不同的工作。体型小的工蚁在蚁穴内打扫卫生，体型大的工蚁离开蚁穴寻找食物。

但是，有些蚂蚁一生只做一件事。有些蚂蚁平时不干活，只有自己的蚁群和其他蚂蚁发生争斗时才发挥自己的本领。有些蚂蚁专门驱赶对蚁群产生威胁的敌人。

龟蚁是一种懂得防守的蚂蚁，它们用头部堵住蚁穴的入口，使敌人无法入侵。它们的决心非常坚定，直到敌人磕破它们的头部。

红火蚁是一种杂食性动物，身体呈红色或棕色。如果人被红火蚁蜇伤，会产生火灼般的疼痛感。

龟蚁生活在树上，头部扁平，就像厚重的盔甲一样，可以堵住蚁穴的入口，使敌人无法入侵。龟蚁还会滑翔，通过控制跳落时的方向，到达自己想去的地方。

通过阅读前面的故事，
你认识了哪些蚂蚁？

这些蚂蚁有什么特点？
它们有什么能力呢？

恒 心

红火蚁生活在热带雨林，
那里高温多雨，
洪涝灾害严重。
如果洪水袭来，漫过大地，
红火蚁就要遭殃啦……
阅读这个故事，走进蚂蚁的世界，
了解红火蚁如何度过漫长的洪水危机！

人类可能突然遭遇自然灾害，
蚂蚁有时也面临同样的困境！

在亚马孙热带雨林里，
洪涝是最常见的自然灾害。
当地降雨丰沛，
洪水每年泛滥成灾。

34

35

无敌的红火蚁就生活在这里。
为了避免蚁巢被洪水淹没，
红火蚁常常将蚁巢建得很高，
而且在底部垫上厚厚的干草。

但在洪涝十分严重的时候，
蚁巢即使高出地面一米多，
也可能受到洪水的冲击。

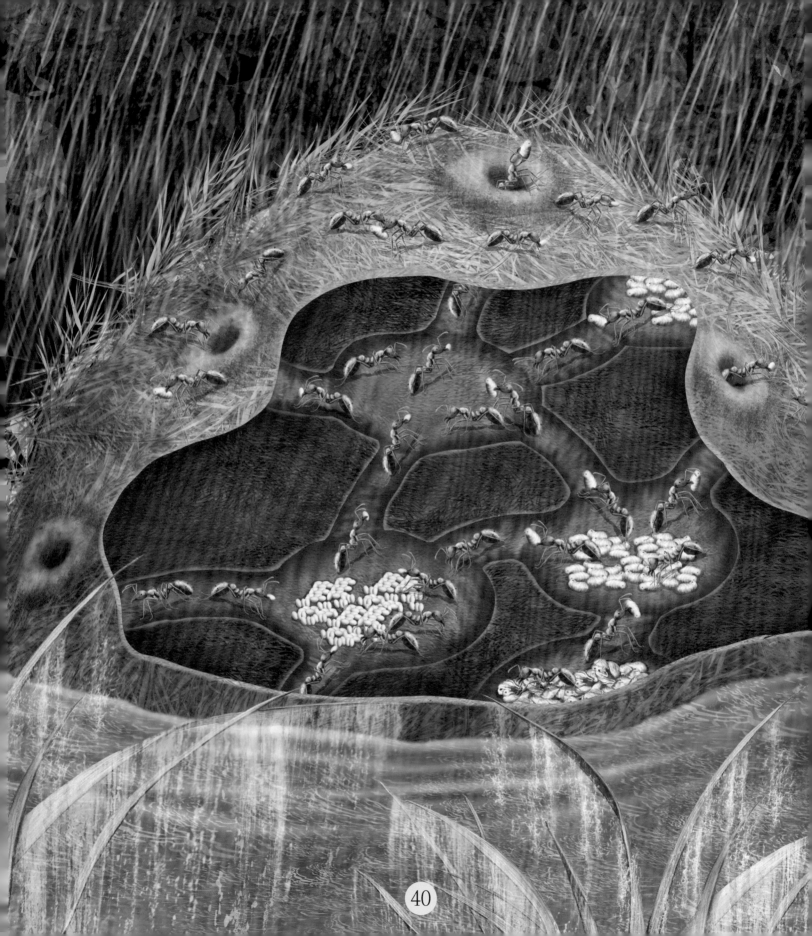

如果蚁巢快被洪水淹没了，
工蚁就迅速叼住卵、幼虫和蛹，
并尽快将它们都搬到蚁巢的顶部。

水位逐渐上涨，工蚁聚集起来，
将卵、幼虫和蛹围在中间。
蚁后被围在蚁群的最中间，
确保身上不会沾到水。

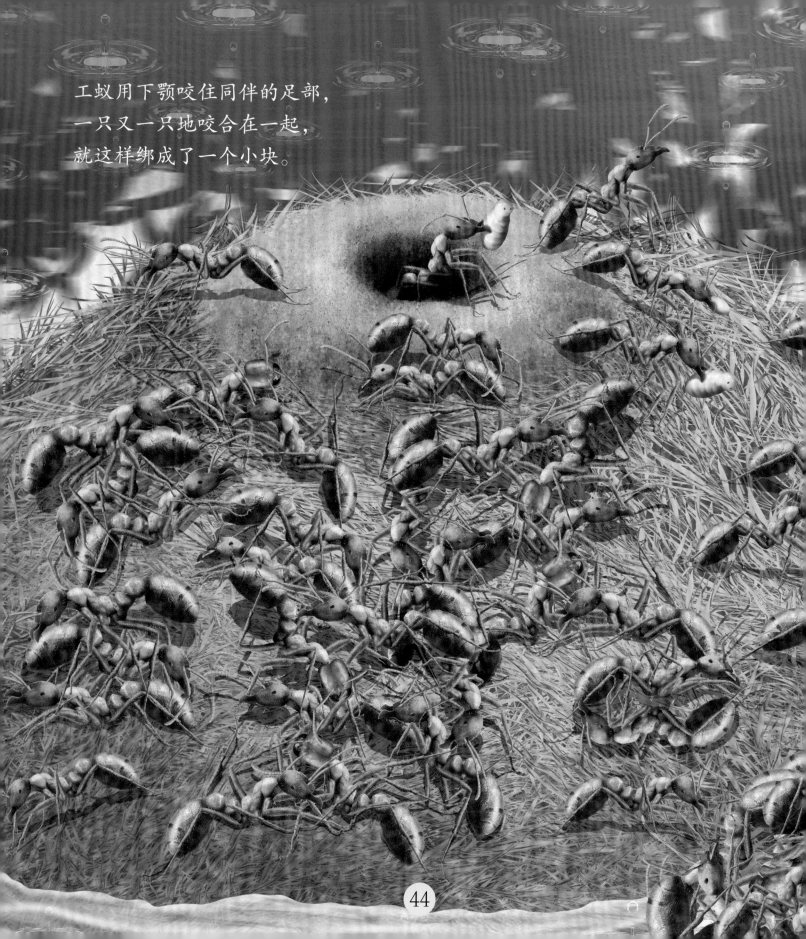

工蚁用下颚咬住同伴的足部，
一只又一只地咬合在一起，
就这样绑成了一个小块。

越来越多的工蚁咬合在一起，
最后形成火蚁筏子，漂浮在水面。
工蚁体表光滑，可以起到防水作用。
它们身上的短毛参差不齐，
可以抓住水中的气泡进行呼吸。

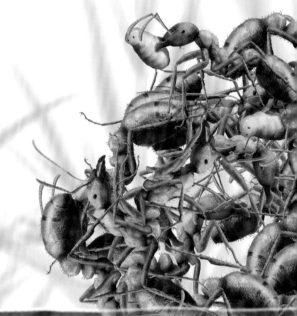

火蚁筏子在水面不停地运动，
下面的红火蚁始终浸泡在水中，
它们依靠周围的气泡来呼吸，
这样蚁群就不会松散或掉落。

火蚁筏子四处漂移，
途中可能遇到危险。
有时被鱼儿攻击，
有时找不到食物。
但为了集体的生存，
红火蚁会坚持下去！

终于，
可以登陆的地面出现了！
红火蚁排着长长的队伍，
遵守秩序依次爬上去。

52

53

工蚁合力将蚁后拖到地面，
抖落身上的水滴，安定下来。
它们已经通过这场洪水的考验，
即将在新的陆地上筑巢安家！

54

红火蚁非常团结，
知道怎样度过艰难的洪水期，
它们是有恒心、有毅力的小动物！

了解更多关于蚂蚁的知识！

红火蚁为什么要把蚁巢建在地面上？

红火蚁需要收集很多材料，才能成功建成蚁巢，所以它们大多在枝叶繁茂的地方筑巢。为了获取足够的阳光，也为了防止蚁巢被洪水淹没，它们通常将蚁巢建得很高。

火蚁筏子为什么可以漂浮在水面？

每只红火蚁都可以漂浮在水面。红火蚁的体型很小，体表光滑，可以防水。皮肤上有许多小茸毛，可以抓住水中的气泡，所以可以在水中呼吸。无数只红火蚁聚集在一起，就组成了火蚁筏子，漂在水面四处移动。

红火蚁的蚁巢

红火蚁组成的火蚁筏子

被红火蚁蜇伤了怎么办？

　　红火蚁如果受到威胁和刺激，会攻击周围的敌人。如果你被红火蚁蜇伤了，首先会感到剧烈的灼痛，严重的话可能会出现水泡或脓包。遇到这种情况，首先要用肥皂水清洗被蜇伤的地方，必要时还可以冰敷或者用风油精涂抹。如果情况还没有好转，你就应该及时去医院治疗了。

手掌中的红火蚁

通过阅读前面的故事，
你认识了哪些蚂蚁？

这些蚂蚁有什么特点？
它们有什么能力呢？

耐 心

有些蚂蚁是肉食动物，
擅长捕猎昆虫等小动物。
狩猎过程总是很漫长，
它们潜伏着，
等待发起胜利的一击……
阅读这个故事，走进蚂蚁的世界，
了解蚂蚁如何狩猎比自己体型大得多的动物！

蚂蚁是一种杂食性动物，
它们有的吃植物，有的吃昆虫，还有的吃真菌。

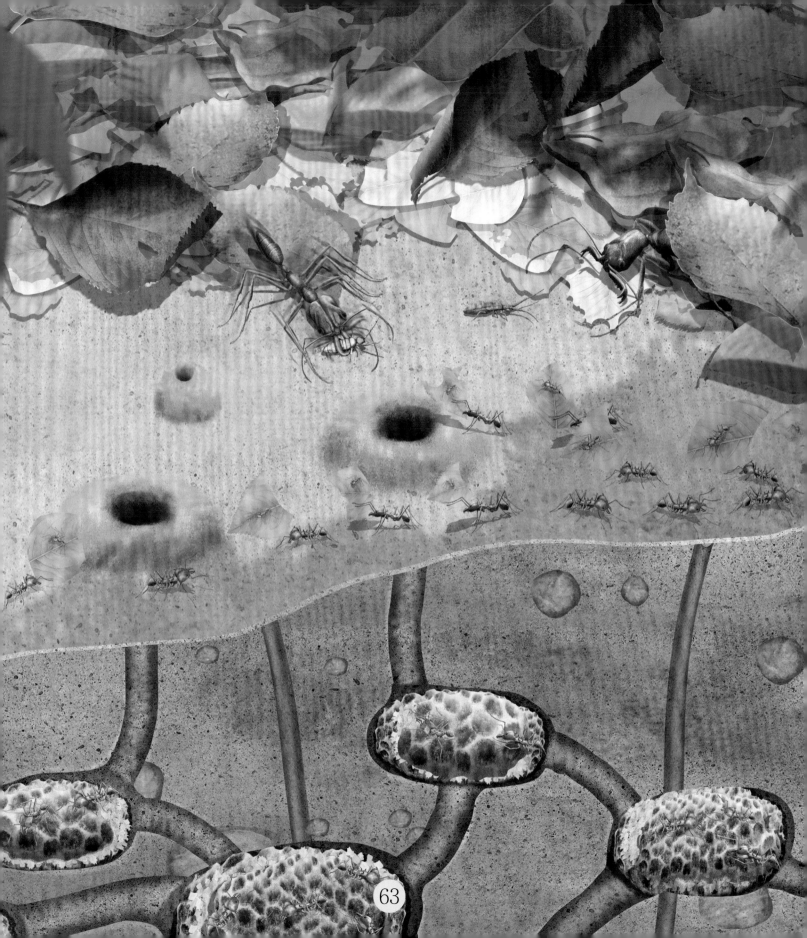

狩猎蚁的下颚强劲有力，
它们擅长捕捉猎物。

65

狩猎蚁极具攻击性，
它们先观察周围的情况，
然后找到合适的藏身之所。

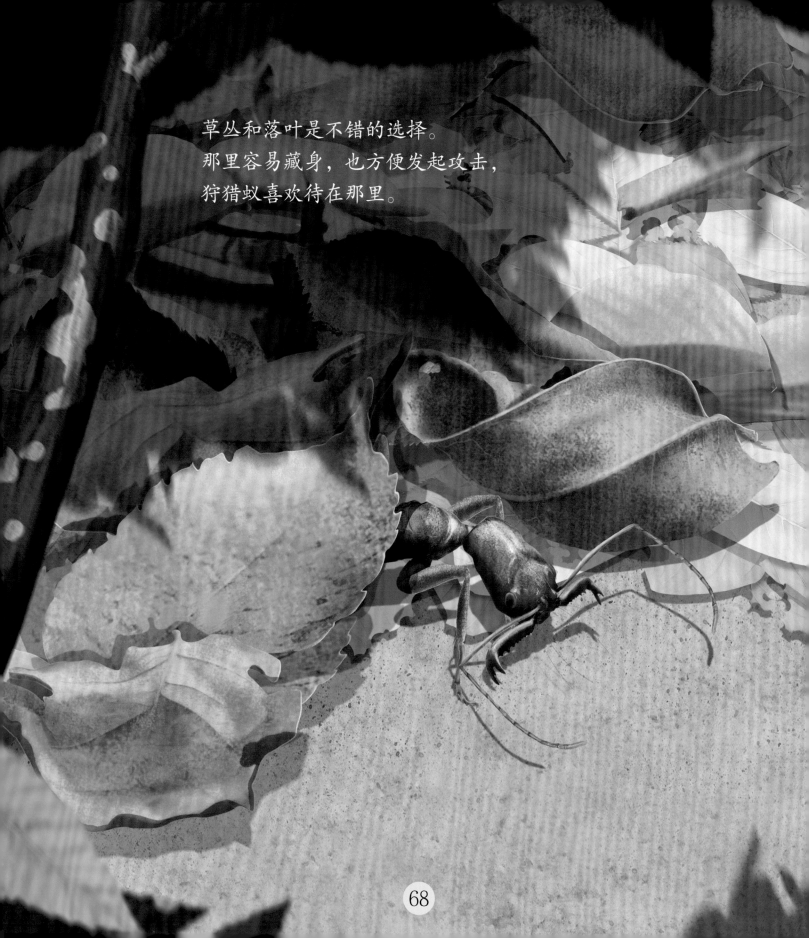

草丛和落叶是不错的选择。
那里容易藏身，也方便发起攻击，
狩猎蚁喜欢待在那里。

猎物出现之前，
狩猎蚁藏在这样的角落里，
张开下颚，一动不动地守候着。

跳虫出现了，
它的身体小巧，
是狩猎蚁最喜欢的食物！

跳虫没有察觉到危险，
它走到了狩猎蚁跟前。
狩猎蚁的视力不好，
但体表的茸毛感知到猎物在靠近。
狩猎蚁张开下颚，伸出长毛，
准备注射毒素。

长毛笔直而纤细，
跳虫什么都没发现。
它碰到了狩猎蚁的长毛，
毒素紧接着注入它的体内！

�！
狩猎蚁迅速闭合下颚，
以迅雷不及掩耳之势，
咬住了跳虫！

狩猎蚁紧紧咬住猎物，
弯下腹部，伸出尾部的毒针，
最终刺死了跳虫！

狩猎蚁的毒针毒性很强，
如果我们被毒针刺中，
会立即感到灼痛难忍。

83

被毒针刺死的跳虫，
最终成为狩猎蚁的美食！

85

狩猎蚁懂得忍耐和坚持，能及时出击，
它们知道怎样以最佳的方式捕获猎物！

闭合速度最快的上下颚

　　蚂蚁的上下颚闭合速度非常快，其中最快的是大齿猛蚁。大齿猛蚁分布在潮湿的热带和亚热带地区，是一种食肉动物。这种蚂蚁可以在 0.13 毫秒内咬住猎物，相当于 1 个小时其上下颚可以运动 200 千米，比人类眨眼的速度快得多。大齿猛蚁咬合时不仅速度快，而且力量强，可以捉住蟋蟀等昆虫。除此之外，它们还擅长跳跃，可以跳到 8 厘米的高空或者 40 厘米远的地方。对于小个子的动物来说，这是十分令人惊叹的能力！

大齿猛蚁用强有力的上下颚迅速捕获猎物。

蚂蚁的攻击

有的蚂蚁上下颚强劲有力，有的蚂蚁上下颚紧密咬合，非常方便抓捕猎物。

有的蚂蚁腹部末端长有毒针，人被蜇到时伤处会产生灼痛感。有的蚂蚁还从口中分泌蚁酸，喷射到敌人体内，使敌人产生刺痛感。

蚂蚁用毒针攻击敌人，遇到激烈刺激时还会喷射蚁酸。

通过阅读前面的故事，
你认识了哪些蚂蚁？

这些蚂蚁有什么特点？
它们有什么能力呢？

小 蚂 蚁 本 领 大

思考、责任、智慧

〔韩〕崔在天◎著　　〔韩〕朴尚贤◎绘　艾柯◎译

北京日报出版社

图书在版编目（CIP）数据

小蚂蚁本领大.思考、责任、智慧 /（韩）崔在天著；
（韩）朴尚贤绘；艾柯译.—— 北京：北京日报出版社，
2022.1
ISBN 978-7-5477-4150-4

Ⅰ.①小… Ⅱ.①崔…②朴…③艾… Ⅲ.①蚁科 –
儿童读物 Ⅳ.① Q969.554.2-49

中国版本图书馆 CIP 数据核字 (2021) 第 246320 号

北京版权保护中心外国图书合同登记号：01-2021-6877

< 최재천 교수의 어린이 개미 이야기 : 개미에게 배우는 사고력 >
< 최재천 교수의 어린이 개미 이야기 : 개미에게 배우는 책임감 >
< 최재천 교수의 어린이 개미 이야기 : 미에게 배우는 지혜 >
Text and Illustration Copyright © 2018 by Choe Jaecheon
Text and Illustration Copyright © 2018 by Park Sanghyeon
All rights reserved.
The simplified Chinese translation is published by Beijing Baby Cube Children Brand
Management Co., Ltd in 2022, by arrangement with Rejem Publishing Co. through Rightol
Media in Chengdu.
本书中文简体版权经由锐拓传媒旗下小锐取得 (copyright@rightol.com)。

小蚂蚁本领大

思考、责任、智慧

出版发行：北京日报出版社
地　　址：北京市东城区东单三条8-16号东方广场东配楼四层
邮　　编：100005
电　　话：发行部：（010）65255876
　　　　　总编室：（010）65252135
责任编辑：许庆元
助理编辑：秦姣
印　　刷：河北彩和坊印刷有限公司
经　　销：各地新华书店
版　　次：2022 年 1 月第 1 版
　　　　　2022 年 1 月第 1 次印刷
开　　本：787 毫米 × 1092 毫米　1/12
总 印 张：40
总 字 数：100 千字
定　　价：278.00 元（全 5 册）

思 考

为了寻找食物，蚂蚁离开了蚁穴。
找到食物后，蚂蚁要返回蚁穴。
蚂蚁有方向感吗?
它们怎样找到前进的路线呢?
阅读这个故事，走进蚂蚁的世界，
了解蚂蚁如何在观察和思考中找到回家的路!

爸爸妈妈都要外出工作，
工作结束后才返回家里休息。

蚂蚁也要离开蚁穴，去外面工作，
它们的工作是寻找各种各样的食物。
蚂蚁找到食物后，不仅是给自己享用，
它们跟着信息素的指引，还要将食物搬回蚁穴中。

但最先外出的蚂蚁没有信息素的指引，
它要怎么找到回蚁穴的路呢？

而且有的时候，
信息素的气味会被风吹散，
或被地面的沙土掩埋。

9

撒哈拉银蚁生活在沙漠中，
即使没有信息素的指引，
它们也能找到自己的蚁穴。

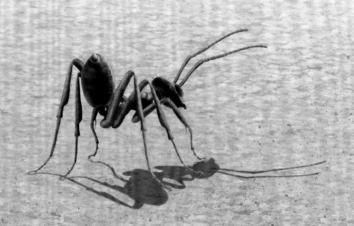

干旱的沙漠上阳光炽烈，
撒哈拉银蚁找到了昆虫尸体，
这是它们的食物，
要带回蚁穴里去。

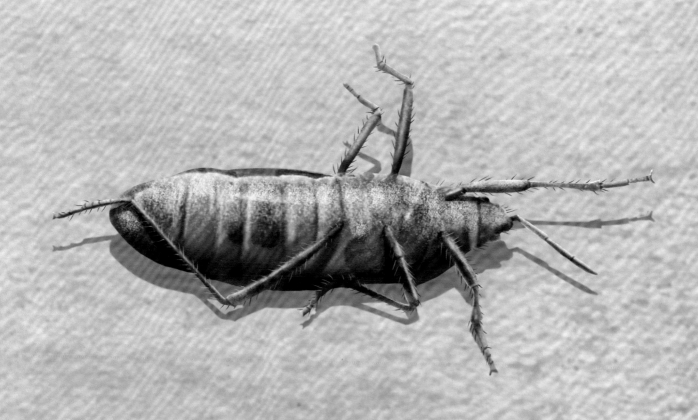

撒哈拉银蚁穿梭在沙漠中，
四处寻找果腹的食物。
它们像其他蚂蚁一样，
似乎总在不停忙碌着。

14

撒哈拉银蚁叼着食物往回走。
它们思考着，推算着，
最终根据太阳所在的方位，
找到了返回蚁穴的正确路线。

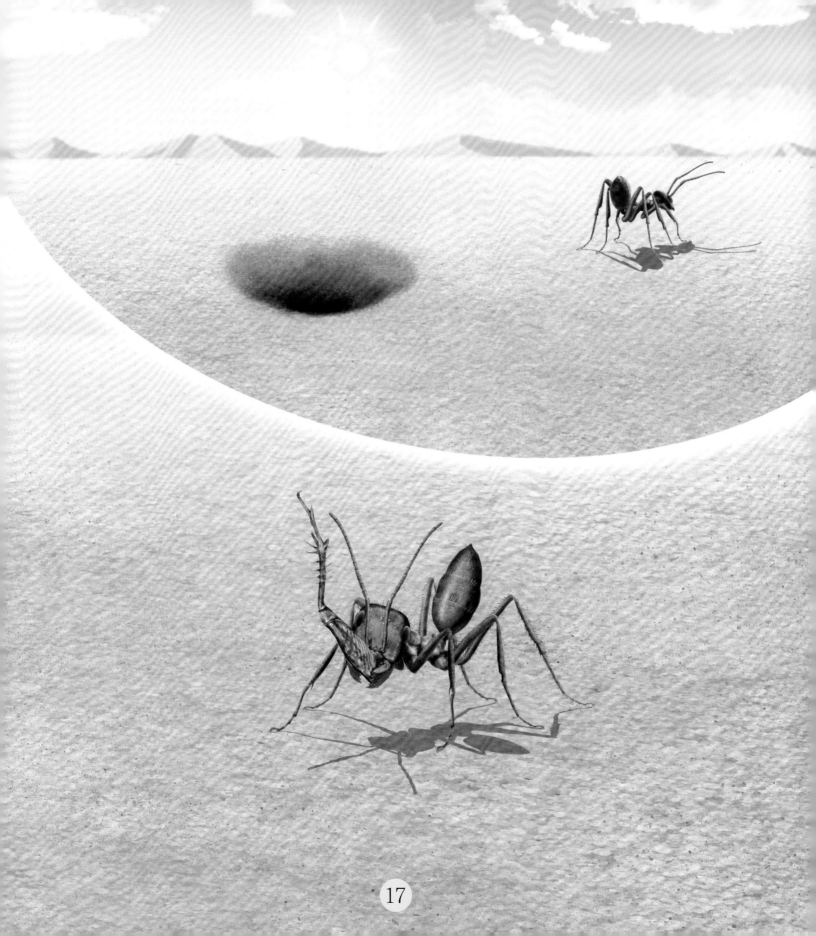

有的蚂蚁生活在看不见太阳的地方，
它们要怎么找到"回家"的路呢？

非洲丛林枝叶茂密，遮挡了大部分阳光。
生存在这里的黑蚁为了寻找食物离开蚁穴，
它们要记住阳光穿过树叶的样子，
这样才能找准返回蚁穴的路线。

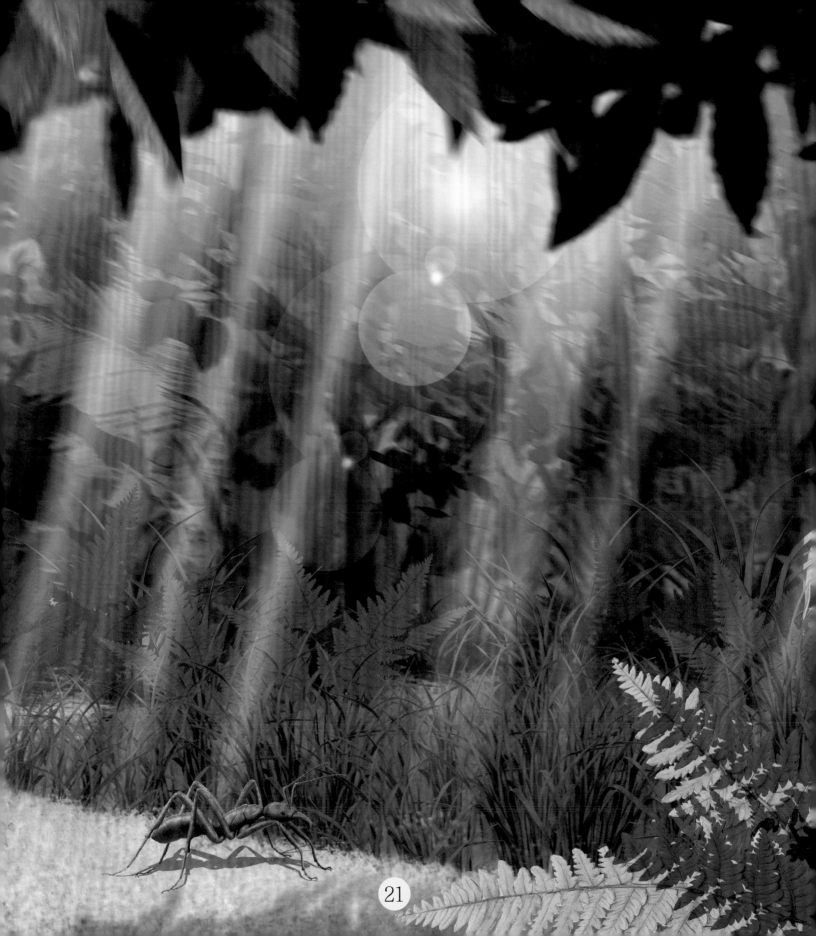

黑蚁找到食物后，
看着丛林枝叶间的投影，
找到路线返回自己的蚁穴。

在寻找食物的过程中，
影子的长短和角度发生了变化。
但黑蚁明白其中的道理，
所以它们永远不会迷路。

蚂蚁会思考，
它们有惊人的方向感，
总能找到自己的"家"！

观察蚂蚁

大约 100 年前，有个人非常喜欢观察蚂蚁。只要一有空，他就会蹲下来观察地面的蚂蚁，而且常常一观察就是好几个小时。后来，他觉得这些蚂蚁可能是在跟随影子寻找路线。于是，他决定做一个实验。他用一个板子挡住阳光，发现蚂蚁们变得惊慌失措起来。当他收起挡光板，发现蚂蚁们恢复了平静。这个实验表明，蚂蚁的方向感确实和太阳有关。

在蚂蚁的前进路线上，设置一条挡光板。

28

博尔特·霍尔多布勒的实验

　　博尔特·霍尔多布勒是德国的社会生物学专家，他曾经在非洲丛林里展开了关于蚂蚁的实验。他认为，蚂蚁能记住阳光穿过枝叶间的角度和图案，于是用照相机拍摄了当时的阳光和枝叶。接着，他做了一个圆筒形的实验箱，并在实验箱的顶部贴上了照片。蚂蚁在实验箱里活动，看到熟悉的阳光后，便出发去寻找食物。蚂蚁找到食物返回时，博尔特·霍尔多布勒特意旋转了照片的角度。就在这时，蚂蚁变得惊慌失措，再也找不到方向了。最后，博尔特·霍尔多布勒把照片调整过来，蚂蚁终于按照计划返回蚁穴了。

生活在非洲丛林里的黑蚁。

通过阅读前面的故事，
你认识了哪些蚂蚁？

这些蚂蚁有什么特点？
它们有什么能力呢？

责任

蚁群里有一些特别的蚂蚁，
它们默默承担特殊的职责，
为蚁群的生存和安全贡献力量，
比如蜜罐蚁和龟蚁中的某些工蚁……
阅读这个故事，走进蚂蚁的世界，
了解蚂蚁如何担起重任，保证同伴安全生活吧！

小孩长大后要从事各种各样的工作，
会找到自己擅长的事情。

蚂蚁呢？它们也有自己擅长的事情吗？

蚂蚁的生活丰富多彩，
有的蚂蚁鞠躬尽瘁，
为其他蚂蚁贡献一生。

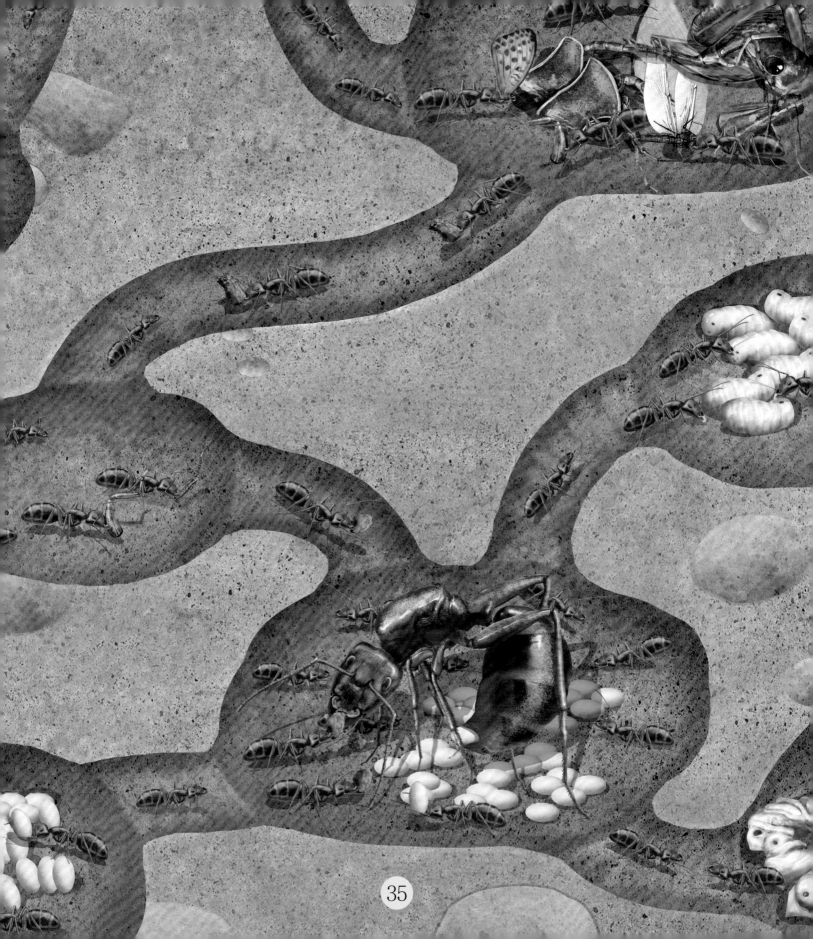

蜜罐蚁猎食小动物，
它们也饲养蚜虫，
吃蚜虫分泌的蜜露。

蜜罐蚁用嘴巴叼着蜜露，
朝自己的蚁穴走去。

到达蚁穴之后，
蜜罐蚁将蜜露放到储藏小室里，
以备食物不足时使用。

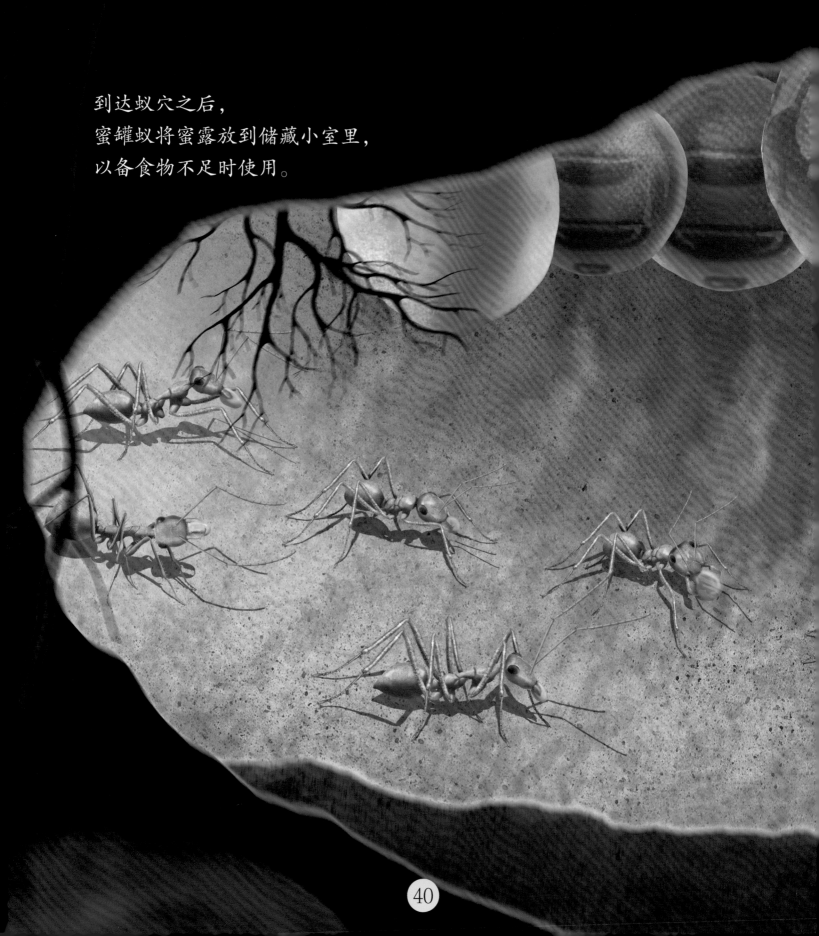

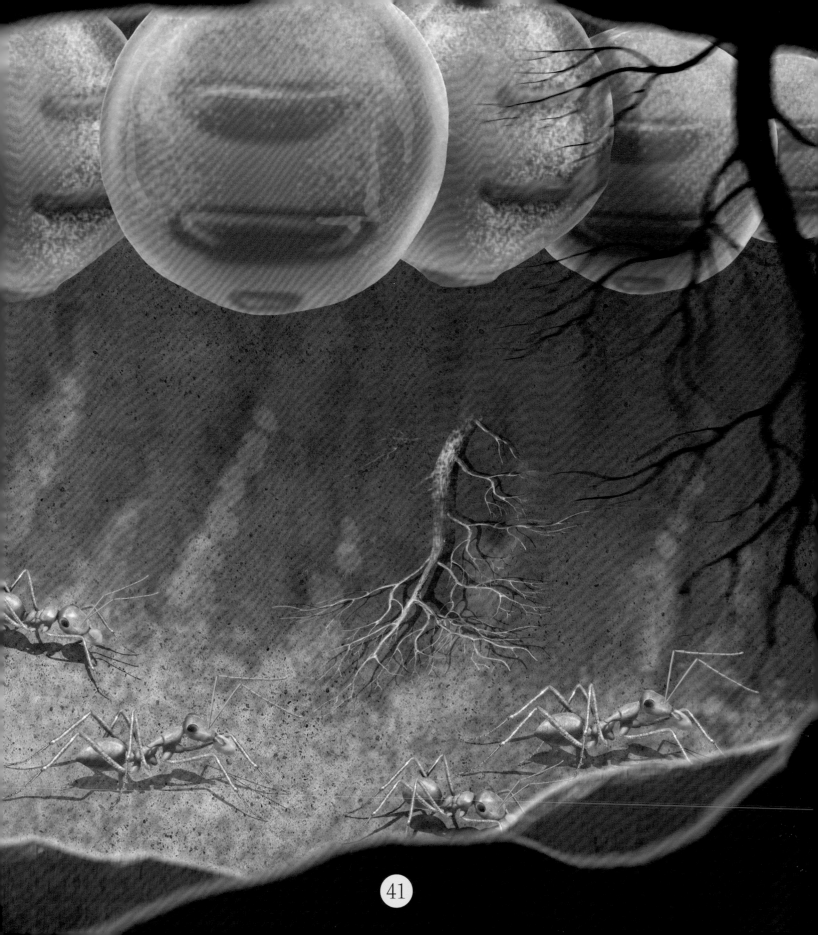

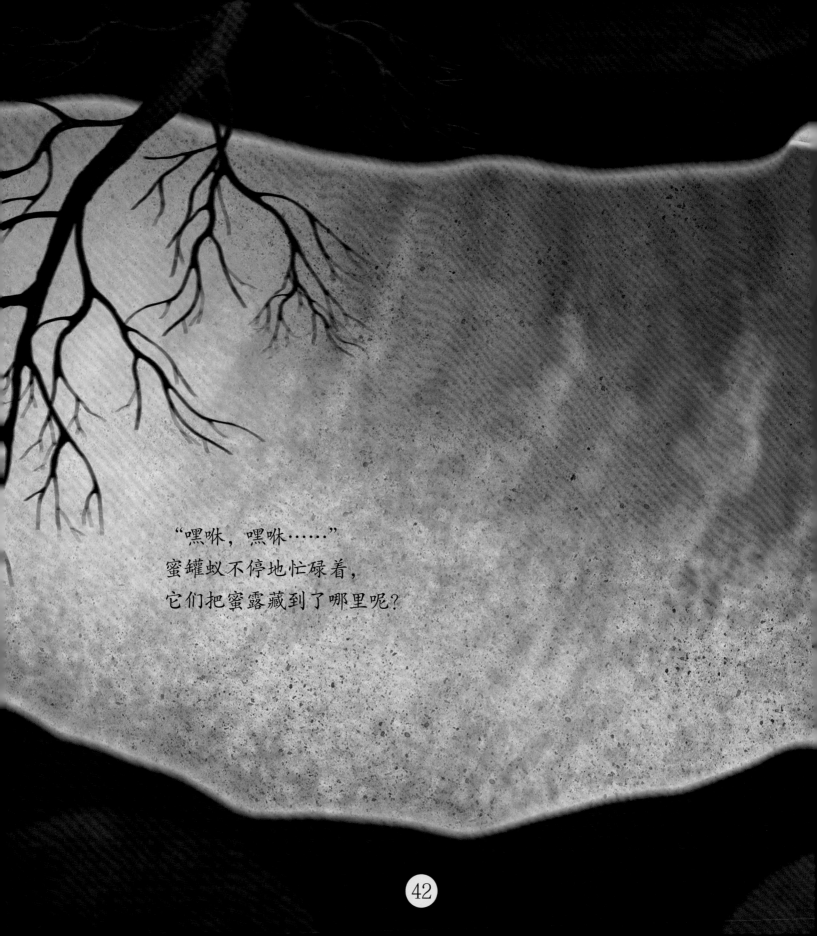

"嘿咻，嘿咻……"
蜜罐蚁不停地忙碌着，
它们把蜜露藏到了哪里呢？

原来，储藏小室就是蜜罐蚁自己！
有些蜜罐蚁倒吊在蚁穴的洞壁上，
它们用身体腹部储存了大量的蜜露，
其他蚂蚁只要轻轻一碰，就能享用美味的食物。

龟蚁分布在美洲大陆，
是一种生活在树上的蚂蚁，
它们有很强的责任心，
可以为了保护同伴牺牲自己。

龟蚁的头部很特别，
既像一个又大又扁的托盘，
又像一个无比坚硬的盾牌。

龟蚁用头部堵住蚁穴的入口，
像哨兵一样坚定地站岗，
勇敢地守卫自己的家园。

50

无论其他动物怎样攻击龟蚁哨兵，
坚强的守卫者永远不会退缩。

只有同伴用触角敲击大门，
龟蚁哨兵才会松开头部，
让同伴进入蚁穴里面。

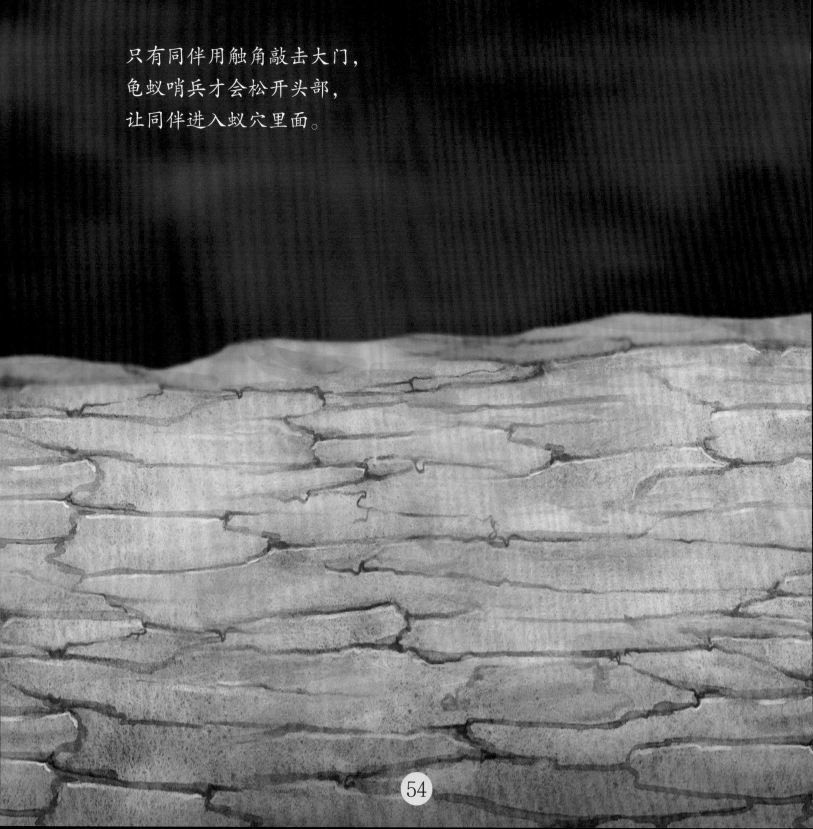

多亏了这些充满责任感的小伙伴,
蚁群里的其他成员才能开心又安全地生活!

了解更多
关于蚂蚁的
知识！

辛苦又伟大的供蜜蚁

　　供蜜蚁也是工蚁，为了给蚁群储存足够的食物，它们把蚜虫分泌的蜜露储存到自己的腹部。供蜜蚁顶着大大的肚子，倒挂在蚁穴的顶部，时间长达几个月之久，期间一动都不能动。它们的身体膨胀得很大，负担也很重，但它们没有怨言，为了同伴做出了巨大的牺牲。

守卫蚁穴的龟蚁

　　龟蚁生活在树上，它们在树干上筑巢。龟蚁头部扁平，可以用来堵住蚁穴的入口。如果有敌人入侵，龟蚁就死死抵住入口，让敌人无法进入蚁穴里。如果同伴回来了，龟蚁就为它们打开大门。龟蚁一动不动地守卫蚁穴，它们很了不起！

供蜜蚁腹部装满蜜露，倒挂在蚁穴的顶部。

龟蚁用头部堵住蚁穴的入口。

马来西亚的木匠蚁

有种木匠蚁生活在马来西亚的热带丛林中，它们会为了同伴而牺牲自己。这种蚂蚁的工蚁身上长有毒腺，贯穿全身，可以说是行走的炸弹。当工蚁与其他蚂蚁战斗，或者受到猎物和敌人的攻击时，便主动弄破自己的身体，将毒液喷射到对方身上。工蚁壮烈地牺牲了，它勇敢地保护了蚁群的同伴。

木匠蚁的工蚁弄破身体，喷射出毒液。

通过阅读前面的故事，
你认识了哪些蚂蚁？

这些蚂蚁有什么特点？
它们有什么能力呢？

智 慧

蚂蚁和很多小虫子都是好朋友。
它们饲养蚜虫、介壳虫和粉蚧等，
这些小虫子也为蚂蚁提供食物……
阅读这个故事，走进蚂蚁的世界，
了解蚂蚁如何与其他小动物共生共存！

人类饲养动物，
蚂蚁也养一些小动物。

有些蚂蚁像放牧一样，在树枝上饲养蚜虫，
有些蚂蚁把角蝉和灰蝶的幼虫搬到自己的蚁穴里养育。

蚜虫以植物为食，
能分泌甜甜的蜜露，
蚂蚁喜欢吃这些甜甜的蜜露。

瓢虫和蚜狮喜欢吃蚜虫。
它们靠近或袭击蚜虫时，
蚂蚁会赶走它们，保护蚜虫。

68

为了表示感谢，
蚜虫分泌甜甜的蜜露，
给蚂蚁作为食物享用。

蚂蚁守着蚜虫在枝叶间来来回回，
跟随它们寻找美味的食物。

有些蚂蚁甚至为蚜虫修筑洞穴，
洞穴一般建在树底下，
蚂蚁在这里喂养和保护蚜虫。

其他小动物也会为蚂蚁提供食物。
介壳虫以植物的根、茎、叶为食，
它们也能分泌蜜露，给蚂蚁食用。

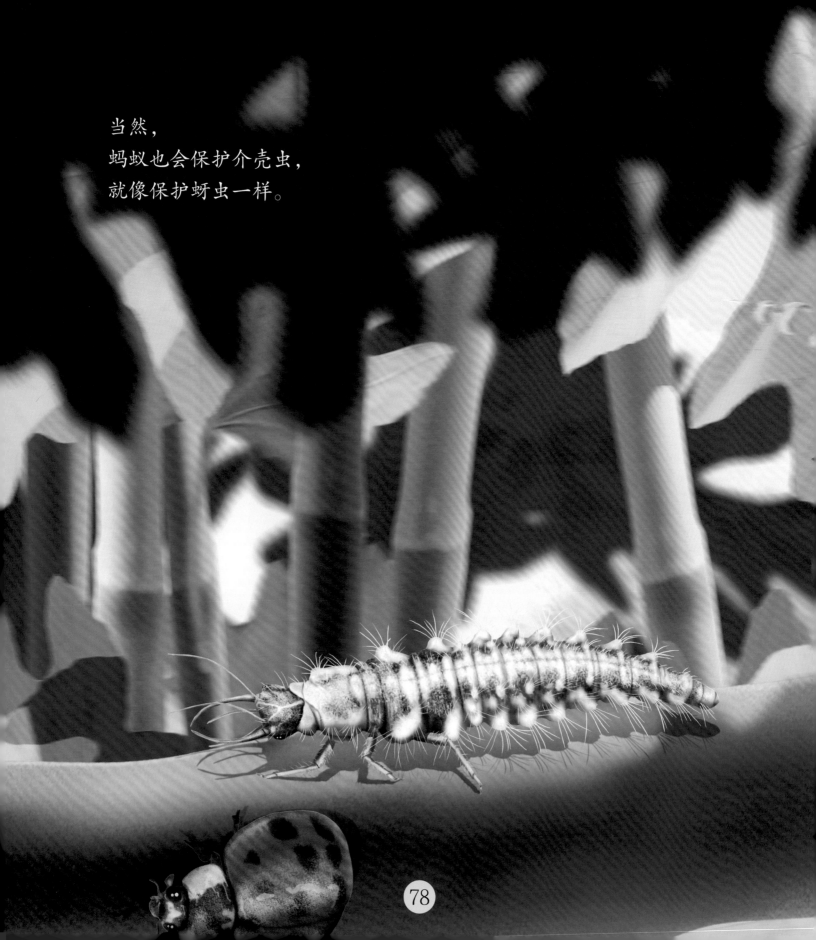

当然，
蚂蚁也会保护介壳虫，
就像保护蚜虫一样。

阿兹特克蚁把介壳虫带进树干中。
介壳虫吸取树干里的甜汁，
并把部分甜汁转化为蜜露，
作为食物送给阿兹特克蚁。

81

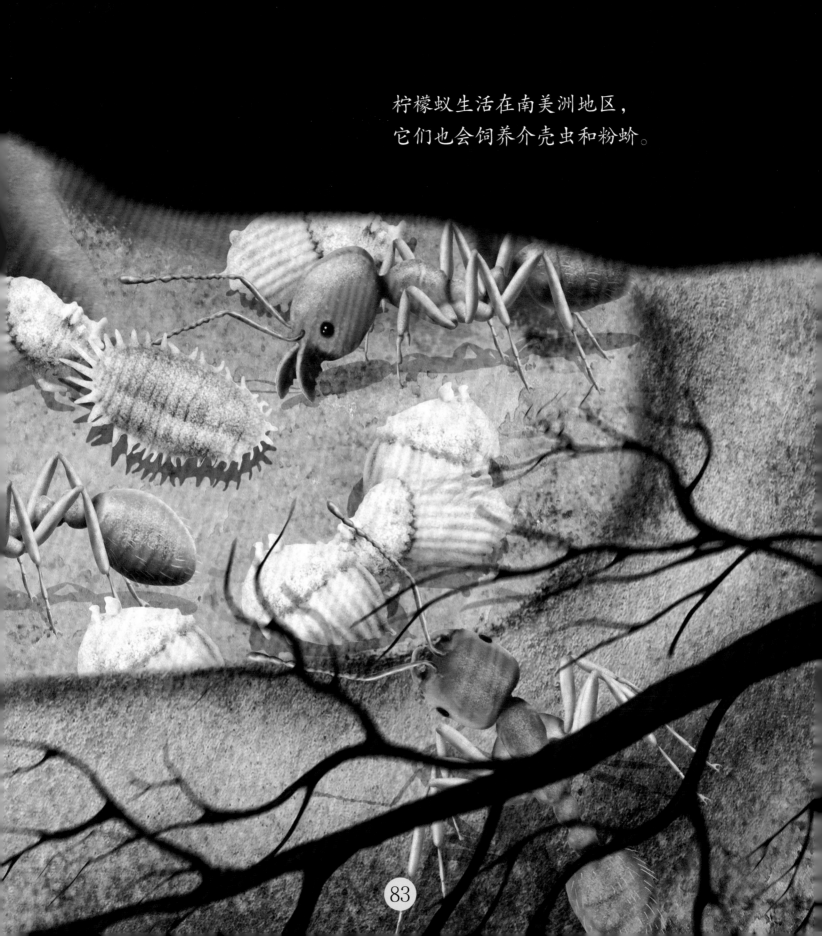

柠檬蚁生活在南美洲地区，
它们也会饲养介壳虫和粉蚧。

83

蚂蚁在蚁穴外找到蜜露后，
会把蜜露带回蚁穴，
和同伴们一起分享。

蚂蚁和其他小动物互帮互助，
和自己的伙伴共同分享食物，
它们是充满智慧的小生物！

了解更多
关于蚂蚁的
知识！

蚂蚁整天都在保护蚜虫吗？

　　根据科学家的观察，蚂蚁每天只花少部分时间保护蚜虫，而蚜虫的大部分蜜露都是在被保护期间分泌出来的。这也就是说，蚜虫分泌蜜露的主要原因，是给蚂蚁提供食物。蚂蚁和蚜虫是不同的动物，但蚜虫为蚂蚁提供食物，蚂蚁负责保护蚜虫，它们之间存在共生关系。

蜜露里含有什么？

　　蚜虫以植物的汁液为食，并从中吸收营养。其中部分营养转化为蜜露，分泌出来成为蚂蚁的食物。蜜露中包含水、氨基酸和各种碳水化合物，可以为蚂蚁提供有价值的营养物质，促进蚂蚁的生长。

所有蚜虫都与蚂蚁建立了共生关系吗？

　　并不是所有蚜虫都与蚂蚁建立了共生关系。地球上有数千种蚜虫，有的蚜虫与蚂蚁没有任何关系。相对而言，与蚂蚁共生的蚜虫进化程度更高。与蚂蚁不共生的蚜虫，足部更长，消化道也更长。当然，与蚂蚁共生的蚜虫并不是随时都能分泌蜜露的，它们多在被保护期内分泌出蜜露。

蚂蚁与哪些动物有共生关系？

与蚂蚁有共生关系的动物种类非常丰富。除了蚜虫外，蚂蚁还与介壳虫、蚁蟋的幼虫、衣鱼和隐翅虫等形成共生或寄生关系。有些蚂蚁还和蝴蝶的幼虫有紧密联系。蝴蝶幼虫释放出化学信息，让工蚁以为它是蚂蚁的幼虫，于是精心照料它，直到它破茧成为蝴蝶。热带地区几乎没有蚜虫，但是有许多角蝉。蚂蚁保护角蝉的幼虫，角蝉的幼虫分泌蜜露给蚂蚁当食物。

蚂蚁正在取食蚜虫分泌的蜜露。

通过阅读前面的故事，
你认识了哪些蚂蚁？

这些蚂蚁有什么特点？
它们有什么能力呢？